自然保护区探险系列

长颈子 长鼻子

刘先平 著

河北出版传媒集团
河北教育出版社

图书在版编目（CIP）数据

长颈子　长鼻子 / 刘先平著 . -- 石家庄 : 河北教育出版社 , 2020.3
ISBN 978-7-5545-5497-5

Ⅰ . ①长… Ⅱ . ①刘… Ⅲ . ①自然科学- 少儿读物 Ⅳ . ① N49

中国版本图书馆 CIP 数据核字 (2019) 第 260622 号

书　　名　**长颈子　长鼻子**
作　　者　刘先平
出 版 人　董素山
责任编辑　高树海　汪雅瑛　陈　娟
装帧设计　李　奥　脱琳琳

出　　版　河北出版传媒集团
　　　　　河北教育出版社 http://www.hbep.com
　　　　　(石家庄市联盟路 705 号，050061)
制　　作　翰墨文化艺术设计有限公司
印　　制　石家庄联创博美印刷有限公司
开　　本　700mm×1020mm　1/16
印　　张　13
字　　数　120 千字
版　　次　2020 年 3 月第 1 版
印　　次　2020 年 3 月第 1 次印刷
书　　号　ISBN 978-7-5545-5497-5
定　　价　34.00 元

引领孩子走进自然、热爱自然

——培养生态道德之美（代序）

刘先平

大自然养育了人类。

人类的文明史就是起始于对自然的认识和研究。

引领孩子认识自然，以启迪智慧的发展和对自我及世界的认识，自古以来就是教育的经典。

进入后工业化时代，人类面临生态危机，更凸显建设生态文明的必要。建设生态文明，构建人与自然和谐，保护可持续发展是世界的主题，人类永久追求的目标。

中共中央、国务院《关于加快推进生态文明建设的意见》明确指出：建设生态文明必须“坚持把培育生态文化作为重要支撑”，“积极培育生态文化、生态道德，使生态文明成为社会主流价值观”，“把生态文明教育作为素质教育的重要内容”。

歌颂人与自然和谐的当代大自然文学，是生态文化的重要内容，在培育生态道德方面有着无可替代的作用。

大自然是人类的母亲，这是共识，但随着历史的发展却陷入了误区。大自然是知识之源，这是事实，但常常却被人们忽略，需要正本清源。

一、大自然文学的内涵

大自然为人类的生存、发展提供了一切必备的条件：阳光、空气、水、食物……因而人类在早期对大自然视若母亲，顶礼崇拜，奉若神明。但随着社会的发展，人类为了满足不断膨胀的欲望，对大自然进行了无情的攫取，狂妄地任意改造自然，直到大自然严厉惩罚人类的愚蠢，人与自然矛盾的激化，甚至面临生态危机。生存危机迫使人类重新审视人与自然的关系，寻找造成生态危机的根源。审视的结果却是惊人的发现：即使是科技发展到今天，在茫茫的宇宙中仍然只有地球才是人类唯一的家园；万物之灵的人类，也只不过是大自然千万臣民中的一员；大自然中的万物组成了供人类生存、发展的生物圈，在这个生物圈中一荣俱荣，一损俱损。滋养人类的母亲也并非是取之不尽、用之不竭的源泉，她需要人类的呵护、节制才能永葆青春的美丽。总之，应尽快走出“大自然属于人类”的误区，达到“人类属于大自然”的境界——崇敬自然，热爱自然，保护自然。

毫不夸张地说，这是人类认识史上的一大飞跃！

书写大自然的文学是当今时代的呼唤和需要。如果说“文学是人学”，那么可否这样简单地来理解：我们每个人都生活在人与人、人与社会、人与自然的三维关系中，文学即是描写人与人、人与社会、人与自然的故事。但几千年，我们的文学多是描写人与人、人与社会的故事，却很少有专门描写人与自然的故事，歌颂人与自然的和谐。随着人类与自然矛盾的激化，面临着日益严重的生态危机，书写大自然文学或大自然文学应运而生。

之所以称之为书写大自然文学，意在突出人与自然的故事。第一位将西方自然文学介绍到我国的，是首都经济贸易大学的程虹博士、教授，那还是20世纪90年代，《文艺报》曾连续整版刊载了她写的评论。她满怀热爱大自然的激情，以明晰的思辨和优美、灵动、充满诗意的文字，解析、阐述着自然文学的丰富内涵，其难以企及的境界曾感染了很多读者。

其实大自然文学自古有之。我国的第一部诗歌集《诗经》就有很多关于自然的描写，孔夫子评价读《诗经》可以多识鸟兽虫鱼，李白、王维、杜甫、白居易等大诗人都留有众多描写自然壮美的诗篇。只是到了20世纪，有了新的时代使命，大自然文学有了质的变化，不再是单纯地赞美自然或以自然风景作为介质抒发作者的情感；作家有了融入自然的审美视角，进行着人与自然的对话……这使大自然文学不仅肩负着时代赋予的使命，同时也为文学艺术开辟了一个崭新的广阔空间。

对人与自然关系的审视，使人们逐渐认识到生态文明是一切文明的基础。试想，如果失去了生态文明，人类的生存都岌岌可危，其他的文明还有基础吗？

二、大自然文学的价值

精炼地说，大自然文学是描写人与自然的故事，歌颂人与自然的和谐。我这里要强调的是这个“自然”应是真实的自然，或者说是原生态的自然，是科学的自然，而不是童话或寓言式的自然。也可以叫作原旨大自然文学。

首先，只有还给孩子一个真实的大自然，才能引领孩子认识自然，认识自然之美，崇敬自然；否则，那后果是难以预料的。这就要求作家必须先去认识自然。其实我是用了40多年在大自然中探险并认识自然，我发现了很多奇妙的事情，如我们常见的苹果、梨子等都是结在果枝上的，但可可、波罗蜜、番木瓜却是在树干上开花结果，地榕果却是在树根上开花、结果，就连波罗蜜也有在树根上结果的禀性，更有在树叶上开花结果的叶上花，因而《奇根世界》才有可能引领读者认识生命的智慧和奥妙。西方植物学家都说："没有中国的杜鹃花，就没有西方的园林。"杜鹃花是木本花卉之王，而我们常见的杜鹃多是灌木，如映山红。然而在云南、贵州、四川、西藏却生活着乔木杜鹃，在高黎贡山更有高二三十米、胸径一两米的大树杜鹃。我前后历经21年，带着帐篷和马帮，才在高黎贡山无人区瞻仰到了它的尊容，《寻找大树杜鹃王》才能展示出生命的壮美、祖国的美丽和植物学家崇高的民族精神。《雨中探蘑菇世界》《野驴仪仗队》等，无不是这样才写出的。

引领读者认识自然之美，培养爱国主义精神应是具象的、生动活泼的，而不是空泛的。大自然文学把新鲜、奇异的种子，散发着清新空气的生命种进读者的心里，如《夜探红树林》中的"胎生植物"秋茄，长纺锤形的种子结在树上，直到生出了两片绿芽，母树才将它娩出，种子利用长纺锤形的结构，自由落体后稳稳当当地插入了滩涂，完成了栽植，俨然已是树苗。而这正是植物为了从陆地走向大海，适应潮间带风浪的环境，经过千万年的进化而成就的生命辉煌。这是海边，而雪山冰川下的"胎生植物"珠兰蓼却是另有妙招。再如《象脚杉木王》中记叙了我们在贵州习水看到的中国现存最大的“杉木王”。林学家说胸径达到1米的，就应称之为“树王”。这里最伟岸的象脚杉木王，据近年的测定，胸径有2.38米，树高44.8米，冠幅为22.6米。那天我们6个人手牵手还未能环抱。树王是我们今天唯一能看到生长了百年甚至几千年至今依然鲜活的生命！最为震撼心灵的还有我们在古庙、古迹中看到的唐柏、宋柏，大多都是苍劲虬结，充满了岁月的沧桑，这些巨柏身躯如红玛瑙般闪光流彩，鼓突的树根圆润发亮。永葆青春是美，饱经沧桑不是美吗？生命就是如此壮美！

其次，大自然文学是热爱生命的文学。眼下常有人忧虑对孩子们缺少了生命教育。地球之美在哪里？为什么只有地球才是人类唯一的家园？因为它有多姿多彩、丰富繁荣的生命！生命最为宝贵和神奇，也只有生命才能创造出如此美丽的世界！

大自然不仅为人类提供了一切生存发展的物质条件，还是人们精神家园的根基。人们总在自然中寻找大自然的抚慰，寻找心灵的风景，以构建自己的精神家园。否则，人们为什么要走进自然，不远千里、万里去旅游。

再次，大自然文学在培育、树立生态道德方面起着无可替代的作用。法律和道德是一切文明的支柱。

生态文明的建设，需要生态法律和生态道德的支撑。几千年来，人们已制定了多种调节人与人、人与社会关系的法律和道德，但却没有制定、规范人与自然之间相处时应遵守的行为准则。当人们认识到正是缺失了生态法律和生态道德，才导致了人与自然矛盾的激化，生态危机的突现，因而开始重视生态法律的制定。生态法律的制定需要不断完善，生态道德的树立仍然难以得到较为科学和完整的规范。其原因之一是：我们在“大自然属于人类”的误区中走得太久；原因之二是：相比较而言，生态道德的树立比之于生态法律的制定，有着更艰难的一面。法律是国家制定的强制执行的行为准则。道德却是一个人的品质、修养、自觉的行为，需要终生的努力，需要几代人，甚至几十代人的努力，才能形成的崇高风尚。这更加说明需要生态文化的长期熏陶，而大自然文学正是生态文化的重要组成部分。

生态道德即是人与自然相处中应遵守的规范行为，以化解人与自然的矛盾。其实质是热爱生命、尊重生命、热爱自然、保护自然——保护我们的物质家园和精神家园。而这正是大自然文学的主旨，是文学的社会功能，是时代赋予书写自然文学的任务。

最后，大自然是知识之源。人类是在认识自然、探索自然的奥秘中总结了知和识，发展了智慧，上升为科学。科学的发达又引导、促进着人类的发展，无论是从物质的层面和精神的层面都是如此。但正因为科学技术的飞速发展，特别是钢筋水泥切断了很多人与自然相连的血脉之后，人们常常忽略了大自然是知识之源这个最基本的事实。

2011 年，我在西沙群岛第一次有机会仔细观察鹦鹉螺，那是在永兴岛上的南海海洋博物馆的展架上。它是四大名螺之首，它那如鹦鹉鸟一般的奇特造型，白色螺壳上橙色的火焰花纹，闪耀着诱人的魅力。来到深航岛的一个傍晚，战士小高领我们到岛的北边去看对面的晋卿岛。走在退潮后露出的大片礁盘上，意外地拾到了一只鹦鹉螺，虽然壳已被风浪破损，但仍可清晰地看到壳内螺旋迂回，形成一个个隔舱，舱之间有带相串连……我们惊喜得屏声息气。

数年前读到的一篇短文说，世界上没有几位海洋生物学家见到过活体的鹦鹉螺，因为它生活在100米深的海底，只在夜间才浮上来觅食。原来它要上浮时，会制造气体充盈隔舱；下潜时却排除空气，吸入海水。这种生存技巧激发了仿生学家的灵感，制造了潜水艇。于是，世界上无论是用电池作为动力的或是用核能作为动力的第一艘潜艇，都是用鹦鹉螺号来命名，以纪念它的功绩。

还有一说，鹦鹉螺可能是天体演变的忠实记录者。每当月色姣好的特殊时光，鹦鹉螺会与月相约，群集海面，“相看两不厌”，据说它记录了月球与地球的相对位置。真的如此玄妙？天文学家揭开了其中的奥妙：鹦鹉螺壳虽漂亮，但不光滑，而是布满细细的波状纹（在深航岛捡到的螺壳看得较清楚）——波状纹就是它的年轮，每天长一条，每月长一隔，这种“波状生长线”的条数即是每月的天数。据化石考古：鹦鹉螺在距今4亿多年的古生代奥陶纪，每隔的纹数只有9条。到了距今3.5亿年的古生代石炭纪，每隔的纹数已有了15条。在距今1.95亿年的中生代侏罗纪，每隔的纹数是18条。在距今1.37亿年的中生代白垩纪，每隔的纹数增为22条。在距今4000万年的新生代渐新世，每隔的纹数已达26条。也即是说在4亿多年之前，那时每月只有9天，随着斗转星移，每月却达到了15天、18天、22天、26天。现今，我国的农历每月是29天多——大月30天，小月29天。由此天文学家得出结论：月球仍是围绕地球运转，但离地球愈来愈远了。这证实了宇宙至今依然在膨胀。

鹦鹉螺居然蕴涵着这么多的科学知识和智慧！

即使是当今被认为科学三大尖端课题的生命起源、天体演变、物质结构这些深奥的科学，有哪一项不是隐藏在大自然的无限玄机之中呢？鹦鹉螺不就记载着天体演变的信息吗？

事实证明：我们每天看到的大自然，竟蕴涵了如此多的科学知识，需要我们去探索、认识，千万别漫不经心地忽略！

大自然文学的首要任务是引领孩子们认识山川河流、花鸟鱼虫，从发现生命形态的千变万化、构造的无穷奥妙、大自然的丰富多彩开始，进而感悟到生命的伟大，热爱生命，尊重生命，热爱自然，保护自然，从而认识到必须严格遵守在自然中的规范行为——培养并树立生态道德的紧迫和重要，因为生态道德是维系人与自然血脉相连的纽带。只有人们以生态道德修身济国，人与自然的和谐之花才会遍地开放。

目　录

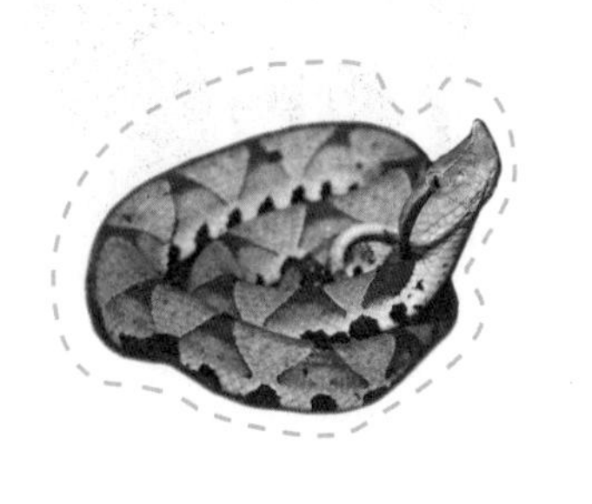

蛇　趣

晚霞从西天的紫云中透出时，我赶到了汪村的营地。汪村是掉在大山中的一块小盆地。新安江上游考察队的营地设在山乡两层楼的饭店中。我因事误了大队人马两天的行期。

老板是位胖嫂，笑脸上深陷两个酒窝。她说只有蛇王的房间空着，他今天送蛇回蛇科研究所去了，回不来。长年在野外，住哪儿都行。

一进屋就闻到一股特殊的腥味，还夹着无以名状的臭味。凭经验，这是剧毒蛇五步龙的气味。五步龙大名叫蕲蛇，学名为尖吻蝮蛇。之所以有“五步龙”之美称，据说被它咬后，走不到五步，必然倒毙。一提到它，常令考察队员不寒而栗。

胖嫂送水进来，笑呵呵地说：“这里蛇多，上个月一位富态的凌老板来住，我打扫房间时掀开被子发现有条蛇。幸好当时客人在堂屋喝茶，我赶紧把它撵走。第二天早上，

五步龙

他说被子下硌人，掀开垫被，是他压死的一条蛇，吓得事未办完就跑掉了。汪村不算大，每年总有人被蛇咬伤、毒死。来的客人我都说，提高警惕不是坏事。”她竟用一串笑声作为结束语。

这一说，说得我头皮发麻。在山野里，我不畏惧碰到老虎、豹子、熊等凶猛的动物，因为它们声势大，好防备，即使是不期而遇，也有周旋的余地，但对毒蜂、山蚂蟥、蚂蚁、蛇有湿漉漉的恐惧，因为对它们防不胜防。

胖嫂一转身，我就赶快在房内各个角落检查，把每床被子都抖了抖，这才稍稍安心了一点儿。

下面响起一阵喧闹声，考察队员们已陆续回到营地。黄昏时刻营地最热闹，大家说着收获，整理标本，洗脸、

五步龙： 又称“尖吻蝮”，有毒。
全长可达 1.8 米。头大，呈三角形，吻端尖出而翘向前上方。具颊窝。头顶有对称的大鳞；头部暗褐色；体背灰褐色，两侧有一系列暗褐色“A”形斑纹；尾端暗灰色；鳞上有棱。
生活于山地林中，以蛙、蟾蜍、鼠和鸟为食。卵生。

洗澡。很多都是老朋友，见面时的欢乐交谈中，我也有意了解了动物组、土壤组、植被组等这两天的工作情况。突然有人在我背上狠狠一拍，扭过头来，一张熟悉的面孔正冲着我笑。他那左耳朵像是掉下后重新安上去的，这一特征让我想起来了，他的绰号叫“小耳朵”，是我的中学同学，比我高一年级，但其名字已想不起来了。他说是来搞土壤的。我们一起回忆了中学的趣事。

晚上，小耳朵来了，进门就问：“这个房间有几个人睡？”我说其他三张床暂时虚席。他转身就走，再来时已提着大包、小包的行李，说是要和我住一个房间。在这深山里，碰到同学真难得，要和我好好叙叙旧。我说这个房间是蛇王老杨住过的，胖嫂说没人敢和他住一个房间，前两晚都是特殊优待。你闻闻看，到现在还有蝮蛇的腥臭味。

他说：“不怕，你敢住我也敢住，不就是几条小爬虫吗！你别听他们吓唬你，爬虫还能厉害到哪儿？我见过抬杆长的五步龙，拾块石头就把它砸死了。蛇还能挡住我们同学的情谊？”

如此说来，我也无话可说，但他的豪言壮语中却透出另一种东西，且不说五步龙有无长到有抬杆长的，即使有，或是扁担太短，或是太罕见。他吹牛壮色在中学时就有名气。但不是因此引起我的注意，是深藏的另一种东西，使我感到他今天急忙搬来和我住很蹊跷。晚上，他和我聊天时，时不时突然立起，在房间踱步，闪着游离的目光。临睡前，还坚持反复研究老鼠能不能从门下的缝中钻进来。对于我带有嘲弄的诘问，他说是带有糕点，做山上充饥的，怕老鼠偷袭。这蹊跷的谜，直到两天后才解开。

在雨的敲打声中醒来，浓云雨雾将层层叠叠的大山裹住。平时，黎明时刻鸟鸣声不绝于耳，今天也只听到三两声画眉的叫声。小耳朵的床上摆满了装土壤的小白布袋，他正聚精会神地整理、标号。搞土壤考察很辛苦，寻找适合的取样地点，挖剖面，每层土质取样装袋，那每只袋子都有半斤来重。一天下来，爬山包中总装有几十袋，背着在崎岖的山道中跋涉，确实负担不轻。

按计划，今天应是去石屋坑，但因落雨，改为考察大连河的护岸林。这一区域是重要的木茶生产基地。凫峰又名高岭脚，盛产著名的凫峰绿茶。大连河下游的流口也挺有名气，那里落差大，桃花汛一到，放排的壮观景色吸引过无数的人。史载这里是林木参天，可是昨天进山路上两旁的大山，已多是次生林。在“大跃进”的年代，森林遭到了浩劫，那时砍树也要“放卫星”，以至于很多林木未能运出就腐烂在山上。昨天见流口依旧，渔梁依旧，但已没有了堆积如山的木材，听不到震撼人心的放排的号子了。这次考察活动，主要是由一项提案引起的。那项提案列举了新安江水库的严重淤塞、两岸森林植被遭到破坏的情况，呼吁联合治理。

新安江是条充满文化艺术的长河，著名的新安画派、垄断宫廷保健多年的新安医派，砖雕、石雕、木雕，乃至徽商，都由这条充满生命活力的大河所哺育。

新安江发源于安徽，黄山的鳌鱼背脊上刻有“大块文章”四字，这浑然一体的黛色巨石横卧在天海，云雾、松露在“大块文章”下汇成小溪，一路不断壮大，是新安江的源头之一。据专家们说，另一源头是皖赣交界处的大山，休宁和婺源的交界处，溪水汇流成河，叫大连河。新安江有着不平凡的生命史，它从千山万壑中穿出，在浙江又名富春江，再往下就是钱塘江了。这条大河的命运引起了代表们的关注，也引起了科学家们的注意。

溯大连河而上，这片河岸原始风貌浓郁，优势树种为枫杨、河柳、河岸梅。枫杨高大、伟岸，浓浓的树冠覆盖出幽深，透出神秘。河柳在哪里都是歪脖子扭颈的，在浅浅的沙岬、近水的河滩中尤为繁茂，鲜艳的红叶映得河水俏丽。横跨河上的石桥，在崖岸的巨石隙缝中扎根，斜出或倒悬的，一定是河岸梅，它是性格树，倔得俊俏、顽强。

一只黑背燕尾从开始就追随我们，飞翔的姿势优美，并不断在河的上空画出富有韵律的曲线。它停在河边石头上，黑羽上的白斑，一刻不停摆动的燕尾，不时响起的鸣叫，在流淌的水中悦耳动听，像是小河的吟唱，显得无比娇小玲珑。褐河巫鸟是另一种性格，它一声不响，忙于觅食。小翠鸟、红尾水鸲在河边繁忙地穿行。河谷鸟类的丰富，说明小河鱼类的富有。它们都是匆匆过客，只有那只黑背燕尾起前跟后地伴着我们，尽管还是细雨蒙蒙，但并不寂寞。

水连口是个大村落，有几条河溪在这里汇合。徽式民居点缀在河的两旁。家家沿河的一面，都搭了木架，上面结满了南瓜、长豆角、四季豆。深山土地金贵，向河争了一份空间。

深山的居民，多是将清亮的溪水引到家里，从天井中流过，洗菜、淘米可以不出门。近年发展了小型的家庭养鱼，庭院中或在屋前屋后挖有水池，有活源溪水流过，面积不大，但收获颇丰，不仅想吃鱼随时可以捞取，甚至还投放市场。

一排十多株的枫杨林，很醒目地立在河岸，犹如一座绿岛。植被组的队员忙着测量，以其 1 米多的胸围看，树龄总在四五十年，这是我们今天考察中见到的最粗大的树。大家脸上都喜滋滋的，印象中这段河岸林的情况应是良好的。从雨后河水依然清亮，不难判断出这里的生态系统基本上是好的，也就是说，涵养水源的森林以及护岸的森林带还未遭到大的破坏。然而，林科所的老赵说，20 世纪 50 年代，这里的河岸林至少有 30 米宽，现在只有窄窄的一片林带了。再不加以保护，就要像渔亭至歙县的那段河岸了。那是大连河的下游，新安江的上游。河岸林的重要性，只要到那里去看看就明白了。

昨天，我从屯溪出发，直到溪亭，公路沿着新安江上溯，未见到像样的河岸林。有的河段甚至见不到一棵大树，河谷两旁，堤崩得像锯齿一般。失去了河岸林的护卫，河岸就完全暴露在水的冲击及各种人为的、自然的破坏中。1982 年有个统计数字：60 年前，从渔亭可乘舟而下至屯溪，那时这是深山通向外界的黄金水道，现在只能是竹筏漂流。有个不太精确的统计，由于水土流失引起的河道淤塞，近 50 年中，可通航的河段减少了近百里。河水不畅，还引起了数次大的山洪暴发。

雨渐渐停了，天空开始晴朗，空气特别清新，微风带有沁人的花香。

开始翻岭了，我突然见到一股混浊的溪水。两岸的林带尚未遭到大的破坏，我们沿着这条浊溪爬到了岭头，对面的山上是大片的开垦的坡地。以目测，山坡的坡度不小于 50 度。从留下的黑色树茬看，这是今年才烧的荒地，雨水将坡地上的泥土冲下。大量的泥沙夹在其中，水还能清亮？

超过 30 度坡度的山坡不准开荒，这是有明文规定的。违背了科学，大自然就要惩罚你！

晚霞满天，一只红尾伯劳高踞在树枝，静静地立着。黑脸噪鹛高一声、低一声地叫着；乌鸫耍着花腔，鸣声婉

伯劳

转多变。可红尾伯劳一声也不响，只是瞪着一双犀利的眼睛。突然，它双脚一蹬，箭似的冲出，往树丛中一掠，只听“叽叽”两声，它已猎获了一只小鸟，迅速爬高，落到原来的树上享用美餐。

回到营地，动物组的人已先回来了。他们捕到一条大鲵的标本，围了不少观看的村民。山民叫它娃娃鱼，言其叫声似小娃娃哭叫。这是条大的个体，有三四斤重。动物组的多是师范专科学校的老师，考察队同意他们为教学采少量的标本。程老师说，在横头那边观察到了猴群，是短尾猴，希望我明天和他们一道去。

正说话间，一位青年山民举着一根树棍来卖蛇。蛇被

伯　劳：雀形目伯劳科伯劳属鸟类的统称。喙强壮，喙的前端具缺刻和钩；鼻孔部分被羽毛掩盖；跗跖强健有力。雌雄相似。
红尾伯劳是伯劳属鸟类的典型代表。全长 160-220 毫米。头侧具黑纹，背面大部呈灰褐色，腹面呈棕白色，尾羽呈棕红色。栖息于树梢，常张望四周，一旦发现饵物，便急飞直下捕捉。性凶猛，喜食小鸟、小型哺乳动物和各种昆虫。

扣在一根两米多长的细杉木条子顶端，垂挂着的大蛇随着脚步悠晃、摇动，令人想起古代的以蛇作为图腾的部落的旗手。方形色斑从背中线披向两旁的形状表明：这是条五步龙！

从捕蛇的方法和工具看来，捕蛇不是这位青年的专业。他说今天上午在锄茶园，锄着锄着，一根如蛛网的游丝在锄边晃了一下。先前尚未在意，又是一根游丝一晃，心里一愣，停下了锄，四处搜索……相传五步龙狩猎时要布一道丝拦路，只要老鼠、青蛙等小动物一撞线，它就从潜伏地猝发袭击……

正站在原处不动，用眼搜索的青年，突然全身一凛：乖乖，就在前面的茶树下，盘了黑黑的一个大盘，盘中的蛇头微微翘起。他还没见过这样粗大的五步龙，但他还是决心不放过它。采茶和锄茶季节，山民常常受到五步龙的攻击，受到攻击的人非死即伤。过去，蛇医、蛇药较少，被蛇咬后，如是手指、脚趾，山民们会一咬牙，举刀将脚趾、手指剁掉，或是用柴刀割开伤口在溪水中冲洗，甚至断臂救命……

我曾在医院见过一位受伤的患者，她是弯腰采茶时，臀部被五步龙咬了。由于抢救较为及时，命保住了，但半个臀部犹如烂茄子，表皮灰白，脓血正顺着引流管往外淌。医生说，最少还要一个月才能康复。

山民们见到五步龙是非打不可的。我们在宣传自然保护时说到五步龙，山民们怎么也不同意看到时不将它打死！道理很简单："人命比蛇命重要！"

这位青年知道考察队在这里。他赶紧砍了一根杉木条子，用绳子在竿端结了个活扣。绳扣刚到蛇前，蛇头如箭一击，未扣中。蛇击，再扣，蛇盘如石。如是再三，大蛇恼怒，"呼"地喷出一股雾液，绳扣刚巧也套中其要害，抽绳紧锁，他生生将大蛇扣住。

等到举竿时，杉木条子却举不起它，弯得"吱吱"响。这像是钓到大鱼起竿一样，蛇在游动、挣扎、甩尾。青年不敢大意，只好慢慢将手向前移动……终于挑起了，只听"啪"的一声，蛇尾抽打在竿上，震得青年差点失手。直到将竿竖起，蛇才将身子紧紧缠在竿上，收缩肌肉，紧紧勒住……

大家都在用眼睛寻找蛇王老杨，可怎么也找不到他的身影。传说中的老杨是个神秘的人物，因为他会捕蛇，又略懂蛇医，因而被蛇科研究所请去。在这毒蛇聚居的亚热带森林中的山区，他显赫的地位，那是可想而知的。我非常想听他讲故事。队长说他今天就要回来，可到现在，他还未露面。

小耳朵也下来了，第一句话就问："蛇死了没有？""死了！上半天扣到它时，把竿子缠得'吱吱'响，中饭后就松开，挂下。你看，嘴都张着呢，舌头也吐出来了。”

小耳朵说：“嘿！还真像个吊死鬼哩！绞刑，绞刑！”

果然，两个长长的毒牙狰狞地戳在外面。蛇王不在，大家又连忙去找来了程老师。程老师毕竟是搞动物的，他接过扣蛇的竿子，指指蛇牙：“这牙是空心的，咬人时收紧毒囊肌肉，毒液就是从空心牙中注射进它的猎获物。从这样大的蛇体看来，被咬的人很难活命。”

大多数人都在唏嘘、惊叹，小耳朵却说：“这条蛇不算大，我见到的要比这大一倍。”“什么时候？在哪里？”有人问。“就是那天在杉木林……”底气不足，问话人表情很复杂地“嘿嘿”一笑。

尽管很多队员都知道五步龙是一味良药，但对这样的庞然大物，尤其是听了程老师刚才的介绍，谁也不敢问津。即使它现在是条死蛇。

讨价还价之后，程老师为学校买下了这条大蛇。青年从绳扣中解下了大蛇，程老师提着它，丢在店堂里。

我说：“不行，一定要放蛇笼子里去！”小耳朵一下蹿到我的跟前：“学弟，看你彪形大汉，怎么连一条死蛇也怕？”说着就捉住蛇尾，提起往我鼻子处伸。我连忙退了两步。“探险家怕蛇了，稀罕！”小耳朵一副恶作剧的神态。

我仍然坚持要放到笼子里。蛇笼被蛇王老杨带走了。

大家找了半天，也没有找到适合的笼子。小耳朵说：“不行放我房间，这有什么好怕的？”

“行！可我不和你住。”听我这么一说，小耳朵才嗫嗫嚅嚅地不出声了。

还是程老师憨厚、体贴人，去楼上找了只装鸟的铁丝笼子。等到笼子关上，我还特意检查了一下笼扣是否扣紧，这才放心地去洗脸、吃饭。

雨后的山区夜晚特别清净。时值9月，桂子飘香，板栗、梨、猕猴桃等各种野果相继成熟，大自然的住客都各自散发着成熟的芬芳。繁星灿烂，一轮圆月从山峦升起，山色迷蒙，沉睡在甜美的梦中。丝丝缕缕的地气，在清晖中神秘地游荡。这是大自然赐给考察队员的享受，虽然经过一天的野外作业大家很疲乏，但都久久不愿离去，直到有人坐在那里发出微微的鼾声。

一进店堂，小耳朵拉着我，戏谑地说：“看看死蛇是否复活？”他捏亮了手电筒，刚到笼前，只听“扑”的一声——“哎哟！妈呀！”手电筒跌落，小耳朵如兔子般返身向外逃去；又听见“啪”的一声，他摔了个狗啃泥！

几只手电筒都捏亮了，大蛇正昂头怒视，尾端的硬鳞甩得“啪啪”响。大家吓得出了一身冷汗，连程老师也很愕然。它真的复活了，如此生龙活虎般地呈现在大家面前！五步龙的“口扑”气，是愤怒、攻击的信号，铁丝笼网上还有喷出的毒液!

“老刘，你立了大功，最少救了一条人命!”大家再返身去救护小耳朵，只见他已站起，用手在擦着鼻血。“你怎么知道它是假死?冷血爬行动物是有这特点。”程老师有些羞赧。

这可有点冤枉了。我并不知道它是假死，只是多年野外探险的经验告诉我，大自然太奇妙了，任凭你想象力如何丰富，也难以描摹，你料想不到的事都可能发生。当然，最重要的是儿时的一段经历。

小时候家境贫寒，父亲早逝，母亲要拉扯4个孩子，当然无力买玩具。有一次，姨母插秧时捉到了一只小乌龟，送给了我。我将小乌龟当成牛车，经常让它驮一些东西在地上爬行。它很好说话，吃点掉下的饭粒就满意了。它被惹恼了，头便缩进坚硬的甲壳里，任凭我赔礼、说好话，就是不出来。有一次，我用绳子拴住它的颈脖，只要它生气缩进去，我就用绳子硬拉它出来。外婆说，那会勒死它，我解掉了绳子。可有一天，它又发脾气了，整天都喊不出来。我又用绳子拴住它的脖子，只准它老老实实听话，不准它发脾气。二骡子看到后，一定要我借给他玩两天，并允诺他家的甜瓜熟了，可以送一个给我。没隔一天，他送回来了，只见小乌龟的头和脖子无力地耷拉在外面，死了。我伤心地大哭，原来是他把小乌龟吊在门上打秋千，吊死了。

外婆连忙走出来，解开了绳子，把它放到阴凉、潮湿的水缸边，说："不要紧，千年鳖、万年龟，它死不了。"第二天，奇迹发生了，小乌龟竟又爬到了我的脚边……

程老师听后，连连点头，还说南美有种猪鼻蛇就善于装死，在强敌面前常常以"装死"来逃过劫难。中国古代就有农夫和蛇的寓言，那是冻僵的蛇以怨报德的故事。

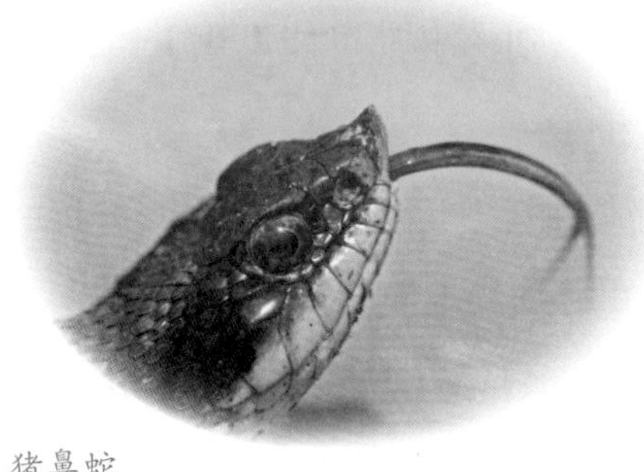
猪鼻蛇

这段有惊有险的风波，更使我想找蛇王老杨。我问程老师："蛇王怎么还不回来？什么时候能回来？"老杨是动物组的成员。"你去问问你的大学长吧！"他扬颏指向小耳朵。蛇王的出走和小耳朵有关？这倒是故事。

我向老程慢慢打听，才将故事情节基本展开——

猪鼻蛇： 游蛇科猪鼻蛇属动物的统称。
一种无毒蛇，它没有毒蛇克敌制胜的毒液。
蛇体粗壮，吻端朝上，可用于拱土。
颜色多样，大多褐色、灰色、黄色或橘黄色，有斑点。
受惊后发出嘶嘶声，颈部膨胀或干脆装死。

在茶山那边，我们一早就开始登山，山那边就是江西。由于交通阻塞，这里的植被还没遭到大的破坏。在这里发现了一两亩的红楠林，还有椴树、红豆杉、华东黄杉、三尖杉，树种丰富，森林郁闭良好，多是参天古木。

动物的种类也很多，熊、云豹、黄山短尾猴、黑麂、苏门羚……

大家的心情都很激动，说是将建议在这里建立自然保护区。

向导说，左边山上还有片杉木林，都是树爷爷、树奶奶。大家兴奋地说往那边去。向导说那边五步龙太多，还有金环蛇、银环蛇、眼镜蛇，不然，那样好的杉木早就被砍了。队员们不吱声了。毒蛇还是有威慑力的。

队长说："蛇王，你看呢？"老杨一听，浑身来劲，大义凛然，说："怕什么？有我哩！"

蛇王是考察队请来的。早就听说这里有蛇国，聚居着各种毒蛇。请来蛇王有利于对蛇的考察，也有利于对毒蛇的防护，但为请他可费了不少周折。

老杨中等身材，精瘦，脸灰，成天到晚没精打采，像是病秧子。他原在山里做活儿，传说认了个师父，长年跟着师父在山里挖药、捕蛇。由于狂捕滥杀，蛇的价钱越来越高，也越来越难捕，连蛇科研究所也感到蛇源的匮乏。蛇毒的干粉，比黄金的价格还要高。老杨常来所里卖蛇，一来二去就熟悉了。蛇科所有意请他专门捕蛇，他提了个条件：不仅自己要作为正式工人招进，还要负责为他找个姑娘，结婚后也要成为正式工人。蛇花子找不到媳妇不难理解。蛇科所还真满足了他的条件。谁知他一成为正式工人，就不大愿意再去深山操玩命的捕蛇生涯。蛇科所也感到失策。

听说要去茶山那边，说什么老杨也不愿来考察队，蛇科所也拿他没法。最后，队长略施激将法，才将他请了出来。到了队里，队长待他如上宾，我们都是四个人一个房间，他却一个人占了四张床铺，每晚有酒，队员们又尊之以“蛇王”，捧得他飘飘然。

到达那片杉木林，老赵都惊呆了。这边林子整整占据了一面山坡，几乎是纯杉木林，郁郁葱葱，树身高大，随手量了一棵胸径，竟有90多厘米。从林间枯倒的粗杉木看，这里的树龄多在六七十年以上。杉木长到60年，就到老年了。林间铺着厚厚的枯叶，踏上去松软有弹性。大自然神奇地为它更新换代，幼树、亚成年树就在老树的身边成长。老赵说近20多年，都没见到这样的原始林了，尤其是这样的纯杉木林，真是难得的一片净土。大家忙开了，照相机快门的声音连成了一片。

这样的潮湿林间，这样的特殊生境，使程老师感到“蛇国”可能是名不虚传，他要大家不要乱跑，最好是请蛇王在前开路……

话音未落，老杨已疾如闪电般地赤手抓住了一条五步龙。刚看清蛇的颜色，那蛇已被掼进蛇笼。这一手博得大家齐声喝彩："真是蛇王！"

程老师问他为什么不用蛇叉？

"我捉蛇还要蛇叉？用蛇叉是三等角色！"那得意活脱脱画出江湖蛇花子的形象。他找蛇、捉蛇确实神速，伸手就捏住蛇的颈脖提起。蛇根本不挣扎，更别说往他胳膊上缠，特乖，只是张着嘴，任他摆弄。程老师在心里也赞叹起老杨的捉蛇技巧：他不仅眼疾手快，而且根据蛇的大小，拿捏的力度刚好。力小，蛇要脱手；力大，蛇要挣扎且使出缠绕的绝招。

没走到100米，老杨已捉了6条五步龙，1条金环蛇。小耳朵一声蛇王的惊叫，将大家吓了一跳，以为他被蛇咬了。蛇王好像没听到似的折向左边去了。

小耳朵不是被蛇咬了，是发现了一条大蛇！顺着他的手指看去：杉树下的腐叶中，正盘着一条像牛粪摊的大蛇，是五步龙。它的头正昂起，那模样确实令人毛骨悚然。

大家都在惊讶这蛇是如此之大。

"蛇王，你别去。这也是蛇王，该不是蛇王怕蛇王吧！"老杨再不能装聋作哑了，他狠狠地剜了小耳朵一眼，慢吞吞地走来了。他要大家都往后退一退，一扫刚才的神态，没有施展眼疾手快的擒拿术，倒是认真地打量起这条五步龙了，可能他也没见过这样大的五步龙。

“蛇王也怕了！”尽管小耳朵只是小声咕哝，但大家都听得清清楚楚。蛇王偏头狠狠地盯了他一眼。“有我怕的蛇？还没生出它吧！”“蛇叉。”程老师小声提醒。“你们看好了！”说时迟，那时快，老杨已神速地从衣袋里掏出纸包，往蛇身上一撒，就见一包白色的粉末落到蛇的身上。真怪，大蛇的肌肉立即松弛，头也垂下……

就在这时，老杨向前一个马步，伸手捏住蛇颈，提起大蛇，但这条大蛇却猛地一甩尾，打在老杨腮帮子上，随即缠到胳膊上。

“你们看，蛇王手在抖！”老杨再也按捺不住，青着脸，将蛇往小耳朵脸上一送：“你能，这条蛇送给你！有空送两条蛇给你玩玩。”

你看小耳朵吧，像兔子一样，撒腿就往山下跑。

蛇是抓住了，老杨的胳膊被勒得青一道、紫一道。下山后，当天晚上老杨就走了，说是送蛇回去……

我看是他觉得损了面子，跑过江湖的人，对面子看得很重。我估计他不会回来了。唉！你那位学长的嘴巴……

“你估计那包药粉是什么？”

“闻到了冰片、麝香之类的气味。这些人都有些诀窍，不会轻易向人说的。我也就没问。”程老师讲完了故事。我去审问小耳朵了：“你那张臭嘴得罪了蛇王，怕真的放两条五步龙到你床上，报复你，你才急急忙忙搬到我房间，让我当你的保护伞！”

“哪里，哪里！你别听老程乱说，我是为了同学情谊。”他脸涨得通红，一再辩驳。

蹊跷的谜底揭开，我也懒得和他打嘴官司，只是默默地做着准备。明天，我一定要跟他们二进茶山，去探访奇妙的蛇国！

后记

这是1984年在考察队中的一段经历。10多年之后再去拜访，当年营地的潘村已经大变。楼房多了，商店多了，街上人群熙熙攘攘，一派繁荣景象。但若还想去体验那份探险的惊心动魄已不可能。那片原始杉木林早已消失，蛇的王国当然不复存在……自然失却了自然！

为虎添翼的人

人们对大自然都有自己的爱好，或山水，或花草，或森林，或鸟鱼兽虫，甚而互相依恋。

动物学家更有自己的喜爱。郑作新爱鸟，胡锦矗喜爱大熊猫，赵尔宓喜爱两栖爬虫……但是，这种“喜爱”和汉语词典上的解释是不尽相同的，如昆虫学家“喜爱”苍蝇，离“喜爱”的原意就相距万里。

动物作为自然资源已是公论，它在美学上的意义，也越来越被更多的人承认。它们各自在文艺作品中的形象，就很值得美学家探索。

譬如兽中之王的虎吧，在成语中就既有“生龙活虎”，又有“降龙伏虎”，真是忽而高大完美，忽而狰狞万恶。由于对虎的崇拜，远古时人们用虎作为图腾，我国云南省景颇族的“景颇”二字的由来，就和虎很有关系。即使到今天，马来西亚、新加坡还以虎作为国徽的标志。因而，人们把“为虎添翼”作为美好的愿望，但也只不过是愿望而已，这只有在人类的科学发展到今天，才有为虎添翼的人。

和老虎藏猫猫

为了寻访爱虎的动物学家，我来到了重庆市动物园。在我印象中，向培伦同志应该是位虎背熊腰、浓眉圆眼的大汉，总之是威武雄壮的。可是，面对着向培伦同志，我却有点发愣——精瘦的中等身材，略略小了一点的嘴和薄薄的嘴唇，低声细语的言谈，浑身透出的都是机灵，倒是那双深藏的眼睛，虽说不上有虎风，但却锐利灼灼，神采焕发。

在成都时，胡铁卿工程师曾赞赏过这个动物园的设计、布局很有特色，且有向培伦的智慧。我们经过虹桥横跨、涟漪依依的水泊，就像在秀丽多姿的水乡泽国中徜徉。但转过山坡，扑入眼帘的霎时成了肥大的棕榈、芭蕉，挺拔的常绿阔叶林，峻峭的陡壁，嶙峋的山石……虎园就隐藏在这粗犷、浓郁的亚热带风光中，真是华南虎栖息地的再现！

正当我们在赞叹园林设计者的艺术修养时，却被连连几记浑厚的虎喷声所惊。还未转过头来，只听老向一边说一边急匆匆走去：“小花在喊我！”

嗬！好一只斑斓大虎！鲜亮的橘黄毛衣，贯以乌黑的条纹，真像一朵富丽堂皇、威武雄壮的“花”！只见老向

华南虎

往山石后一躲，它也把两只前肢往前一伏，低眉抑脑，展腰矬腿，露出一副笨拙的隐藏架式。老向从石后露出脸面，充满天真稚气地伸颈喊了声："猫儿！"

它也一弓身，向前猛跨一步，顶到栅栏，重重地喷了声响鼻！继而又是两次藏猫猫！等老向到了栏边，一伸右手，小花也抬起右前肢，将粗壮的肉掌放到他手上。老向握住亲切地抖了一下："今天吃得好吗？"

小花满意地吹了吹虎须，伸出舌头在唇边舔了两下。那副欣喜的憨态，逗得我哈哈大笑！当老向说"小花在喊我"时，以为他是"一厢情愿"，到这时，还能有什么理由不承认他们之间确有情感的维系！也只是到了这时，我才在心里承认了向培伦同志在研究华南虎方面的地位，也才明白了他对虎的"喜爱"的含意！

在丰富的成语词汇中，畏虎的就不少，如"虎视眈眈""虎口余生""谈虎色变"……然而，向培伦同志是用什么奇方妙法，在万灵之长的人类和兽中之王的老虎之间，架设起情感交流的桥梁呢？

为什么在刚见到他时，会有那样的愣怔呢？大约还是产生于儿时就听到的“打虎英雄”。武松在景阳冈上的横眉竖眼、按虎挥拳的故事，多少年来是作为英雄行为的典范教育着人们。因而，也就用这种模式来框套爱虎的老向了。

但是，科学却无情地宣告：前两年报刊上还在歌颂“当代的打虎英雄”一事，是多么愚昧、无知。

现在，打虎者不仅不是英雄，而且是不折不扣的罪犯。国家已制定了有关的法律条文对这样的人进行惩罚。由“打

华南虎：食肉目猫科豹属虎的亚种。中国特有种。
原分布于华南、华中、华东、西南的广阔地区及陕南、陇东、豫西、晋南的个别区域，以湖南、江西数量较多。
体形较小，尾较细短；头大；眼大而圆；小而整齐的门齿上下各6个，犬齿长而锋利，可撕裂猎物厚硬的皮肉；舌上多刺，利于舐净骨上碎肉；咀嚼肌发达，故头圆，面较平。
头颈、背、尾及四肢外侧毛为黄色，毛色较深，常为橘黄甚至略带赤色，胸腹部及四肢内侧乳白色。身上有黑色条纹，宽而密集，体侧常出现上下两纹相接连成的菱形纹。毛较短。体长平均2米左右，重140-200千克。夜行，听觉、嗅觉均较敏锐，以野猪、羚羊、鹿类、野兔等为食。善于游泳。
栖于山林、灌木及野草丛生处。独居，有较强领域性，且性格凶猛、动作敏捷。
现代，华南虎的分布范围日益缩小，存活数目极少，行踪罕见。在中国属一级保护动物。

虎英雄”而沦为“打虎罪犯”的过程，也正标志着我们崭露头角的自然保护事业的蓬勃发展，由“打虎英雄”到“保虎英雄”，也正标志着中国动物科学的进步和人类文明的发展！

向培伦同志1962年毕业于西南农大，1963年调到动物园工作。最初搞园林，后来开始钻研动物繁殖饲养。是一种什么魅力，吸引了他和同志们进入研究华南虎的繁殖、育幼的课题呢？这固然是因为“虎威”的美，但作为科学工作者，首要的还是科学本身所赋予的使命，是华南虎面临厄运的感召。

现代虎和人类，大约都是300万年前相继出现在地球上的居民。虎的家族中包括东北虎、华南虎、苏门答腊虎、黑海虎、巴厘虎和爪哇虎等品种。我国的虎类占世界的比例是相当可观的。但是，由于人类对自然生态平衡的破坏，地理气候、环境等的变迁，这种珍奇的动物中，已有新疆虎等四个品种灭绝了。华南虎、东北虎、苏门答腊虎都在濒临灭绝的厄运中。

别说在武松打虎的景阳冈这片广袤的中原地带虎踪早已绝迹，即使在东北虎的故乡和华南虎的故乡也很难听到虎啸、见到虎跃了！特别是华南虎的命运，更令人担忧。四川、安徽、江西、浙江、福建等地区，不多年前都还能听到虎啸，然而，现在却都销声匿迹了。

虎是大自然赐给人类的财富，但又不同于一般的财富——不管是哪种虎，一旦在地球上灭绝以后，是任何科学都无法制造出来的。这也就显得更加宝贵。

因而，世界上很多国家，早已在关注虎的命运，成立了国际性的保护机构。在近代，对濒临灭绝的珍稀动物的保护，除了开展自然保护等手段之外，进行人工繁殖和饲养也成了重要的一个方面，这往往标志着科学发展的水平。

由此，也就不难理解向培伦和他的同志们所选择的“华南虎的繁殖和育幼”这个研究课题的严肃性和紧迫性。

向培伦和同志们开始是想从野外捕获，但在江南地区，已多年不见有关华南虎的报导，严酷的事实逼得他们转向动物园。正巧，几年前从贵州引进的两只纯种华南虎——全国动物园中仅有寥寥可数的几只纯种——矫健雄伟的威威和窈窕而俊美的婷婷，已相继成年。

研究动物科学的人当然不会放弃对于虎的繁殖行为的研究，最理想的应是在野外，但是无法实现。关于华南虎在人工饲养条件下繁殖的经验，老向和他的助手几乎没有，只好依靠自力更生，不断地观察它们的行为变化。

在春色融融的月夜，已连续几晚听到它们寻偶的呼喊和应答了。这是雄浑壮阔的寻求爱情的呼唤，曾有科学家用雌虎的发情声招引了雄虎。种种的行为信息都说明了它们正处在发情的高潮，于是决定将它们放到一起。

婷婷和威威没有发生争斗，这使他们松了口气。否则，谁又有办法能拉开两只打架的老虎呢？看来，它们有另一种求爱的方式——它们互相含情脉脉地“对了象”后，又用虎须互相摩挲，低沉地哼唧着，说不尽的柔情蜜意……

经过102天的妊娠期，婷婷于1978年6月27日，经历5小时40分钟的产程，竟然一胎娩出四只虎仔！首战成功。

正当向培伦和同志们还未高兴够，一盆冷水却兜头泼来——年轻的虎母婷婷竟把这四个孩子视为异物，既不舔毛又不喂奶，撇下不顾，慌得向培伦他们连忙将虎仔取出……但是，为时已晚，虎仔还是相继夭折、呜呼哀哉了。

为虎仔找奶娘

失败未能使向培伦他们气馁，倒是更激发了他们的思索。问题很自然地集中到育幼上，那几只虎仔的死亡就是喂养的方法不当。这似乎是个简单的问题，实际上却不那么简单：虎仔不是小鸡。哺乳动物的幼仔能否吃上初乳，对它的成活和发育有极重要的关系，最好的办法是请母虎自己哺乳。

但谁又有本事强迫它履行做母亲的义务呢？

喂牛奶吗？温度该是多少？浓度呢？多长时间一次？一次该喂多少？增加什么添加剂……都是令人抓头皮的问题，失败的根源也就在这里。

在野外，虎要两三年才繁殖一次；但是，他们的研究课题毕竟取得了进展。在3个月后，又使威威和婷婷进行了这一年的第二次交配。

育幼的问题也集中到“寄养”上——倘若再发生婷婷弃子不顾，就设法给新生的虎仔找个奶娘。在实际中要为它物色一位奶娘，可不是轻而易举的事。

首先是谁够资格呢？当然是它的近亲，再则是同科。豹、狮、猫都是猫科。猫的个体太小，泌乳量达不到要求。实际中也难以正巧得到产后的豹和狮，更何况它们在人工饲养条件下的繁殖，本身就是重要的研究课题。时间在一天天过去，研究工作也在一天天地进行。

最理想的是婷婷忽然觉悟了，懂得了做虎母的责任。

又是100多个日日夜夜过去了，婷婷分娩了，经历1小时，产得两只虎仔。它咬断了脐带，充满母性地温柔舔干它们的皮毛。初生的虎仔只有1千克多重，又不睁眼，像是两个带有乳黄的小肉球一般，煞是喜人。好不容易过了那难耐的1小时，婷婷在产床上将下半身侧过来，露出乳头，又是舐，又是用前肢拨挪，继之用鼻子边嗅边拱，引导虎仔叼住乳头，吮吸……到此，一切都很顺利，看样子，这一关就要过去了。

谁知第二天却死了一只虎仔。原因还出在婷婷身上，它咬脐带过短，伤及腹部。真是祸不单行，婷婷又突然叼起剩下的那只不停地走动，是因为它对仅存的孩子特别看重，还是由于取出死仔时受惊？反正是它一走就几小时，根本不把虎仔放下。老向他们只好当机立断，强行夺下虎仔。

经过一番周折，为虎仔请来了奶娘。局外人一见大惊，奶娘呢？先倒是步态轻盈、气概不凡，一见虎仔，却禁不住筛糠般地抖了起来。

它是谁？原来是只梅花小脚的狗太太！这位具有灵敏嗅觉的“臣民”，见到了威风凛凛的山大王，怎能雍容大度、矜持端庄？

强行将颤抖不止的奶娘侧卧，把虎仔抱来——是因为这位王子还未睁开眼来看世界，并不理解尊卑之分，抑或是饥不择食呢？只见它的嘴一触到柔软的狗乳头，立即吧嗒吧嗒地吮吸起来……

“说来有意思，两三天一过，奶狗不害怕了，倒是用嘴触抚起虎仔。双方熟悉了气味、声音，开始建立信息联系。后来，一到喂奶时间，奶狗竟匆匆赶来哺乳。

“40 天断奶后，我们带幼虎在草地上玩耍时，奶狗还常常跑来一同嬉戏。请奶狗代哺，实践证明是成功的。这只幼虎越长越漂亮，取名小花，就是你刚才见到的。”

老向带有得意的味道笑着，总结了这段工作。

关于奶娘的奇闻轶事，还有一段值得说的。第二年，婷婷又产下了虎仔，它有了做母亲的经验教训，开头一切都很顺利。但是到了第十天，由于做清洁工作，惊动了母虎，它又神经质地叼起虎仔走动。这时的虎仔已睁开了眼，问题就不仅是奶狗的发抖了，虎仔也不认账。经过一连串的周折，到底还是哺育成功了。

一、二、三——跑

有人笑着说老向是“虎儿园”的“阿姨”。他不生气，倒是怕自己不是一位合格的“阿姨”。为了摸清幼虎的生长规律，小花又是研究课题中的第一个宠儿，向培伦同志和小花住到了一起。小花拉稀，老向马上诊断、喂药；小花撒娇，老向将它抱起。久而久之，它依恋起老向和陈德智师傅了。他们还未走近，小花已嗅出气味，欢快地叫起来。他们坐在房间里，它睡得也香甜。教它玩耍，领它活动，那股“爱”虎之心，甚至吸引了自己的孩子也来和小花玩耍。

小花常常烦躁地舔鼻子——这引起老向的注意。

他抱着小花逗乐时，小花总是往地下蹭——这引起老向的思索。

对小花是够娇惯的了，生怕它感染了什么疾病，当然不会轻易放它到地上。有一天，小花从老向手臂上蹓到地下，迫不及待地在泥土上舔了起来。

老向正要去抱它的手僵住了，深藏的眼睛一下瞪得又大又圆，脑子里突然亮堂了，谜底正向他张开——它吃土，它需要微量元素！

他想起来了：鸟类吃土，家禽吃土，灵长类的动物吃土，人类也吃土，譬如豆腐中的石膏。

他想起来了：哺乳动物血液中化学元素的丰度曲线，与地壳中相应元素的丰度曲线是惊人地相似！

他为这个发现高兴万分，特意带领幼虎到新翻的土地上。它当真甜蜜蜜地吃起土来，虽然就那么一点，但就如盐一样，使得菜肴有滋有味。幼虎果然长得壮实，舔唇、烦躁的表情消失了。

由此使他们想到在育幼的过程中，一定要改掉“娇生惯养”的方式，以粗放为好，让它在大自然中成长。

从此，绿茵茵的草地上，每天都要出现这样奇特的场面：

“一、二、三——跑！”

老向喊完口令跑起来了，幼虎也应声腾起四肢。忽而虎在前，忽而由它急追……他们在树丛里藏猫猫，在阳光下沐浴。老向像是回到了孩提时代，重新体验着纯真和幼稚。有时，不仅是自己的女儿跟着跑，连妻子也被吸引来了。

幼虎在老向身上扑着，用柔嫩的虎须在他脸上触扫着，那股欢乐亲密劲儿，使许多游客停了下来，注以惊羡的目光。突然，老向如被针刺火灼一般，接着是扯破衣服的嘶啦声——虎爪给了他重重的一下。

怪，真怪！向培伦疼得扭歪的脸上竟然露出了笑容，他心里正乐着哩！决定以狗做奶娘，曾有人担心，狗奶可能改变幼虎的虎性，虽然有人以小孩吃牛奶并未染上牛气，论证幼虎不会被狗化，但也不是完全就放心了。老向正是从幼虎在得意忘形时给他狠狠一记的撕扯中，体会到了它正在发育的虎性，心里踏实下来。好吧，为了证明这一点，他们开始投喂活的鸟、鸡。哈哈！幼虎一点不含糊，扑上去就撕扯……

是哪一天，向培伦已记不清了。他和幼虎赛跑，让它扑食。跑着跑着，老向放慢了脚步，终于停下了，那双锐利、灼亮的眼里射出惊奇喜悦的光……

他看到了“虎跃”——它先是往后一矬身子，紧毛收腹，突发腾空，倏忽之间，如闪电，似云霞，飘然飞过——美！美极了的动作！生命在于运动，运动锻炼了它肌肉的强健；而虎跃的一瞬，正是它矫健体魄最美的表现！当然，老向不仅仅是审美者，他是位动物科学工作者，是位美的创造者。还能有什么比这更能证明育幼工作的成功！

向培伦和课题组的同志们，从1978年进行华南虎的繁殖与育幼课题研究以来，四年之间繁殖了五胎。第一、第二胎只存活了一只小花。以后的三胎，每胎三仔，全部成活且长大了。从第四胎开始，由于有已取得的科研成果的指导，没有再出人为的事故，虎母更有了哺幼的经验，精心地照料着两个儿子和一个女儿的成长。它常常用嘴叼着（这大约是“抱着”吧）孩子向人们炫耀！它也有虚荣心哩！

说来有趣，它对三个孩子竟然不能一碗水端平，对于贤淑端庄、天真活泼的女儿芳芳，特别宠爱。它每次带领儿女们出来时，总是先出来侦察一番，用打呼声报告平安无事。即使这样，它也教给小虎，直到第二次打呼时，它们才能出来。一旦遇到危险，它就用爪扒地，连连敲响，警告小虎躲开！

这样的巨大成绩在国内是罕见的，受到了人们的赞扬。但向培伦和他的同志们并没有只顾陶醉，用他的话来说："这才是开始迈步。有不少东西现在还只是感性认识，仍需要探清它在理论上的意义。再说，血统上的问题也得解决，不能只有威威和婷婷这一个亲系……"

这是雾都山城难得的一个晴朗傍晚，昨夜一场大雨，上午还是云遮雾绕，直到傍晚时，太阳才露了出来。我们徐徐地在林荫道上走着，感到大自然从来没有这样清新和芬芳。他有很多的设想和计划，但都是为了一个目标：把华南虎放回山野，繁殖新的后代。说到底，人工饲养繁殖只不过是个珍稀动物的人工仓库。

我侧过脸来看他："可能吗？"

他虽然是轻声细语地说着，但语气中却有着一股庄严，深藏的眼睛在绿的树冠上、山岗上扫视着，说："要研究的问题很多，但归根结底还是要取决于我国自然保护事业的发展——被破坏的自然生态平衡，是否已恢复到能使它生存的水平。"

接着，他向我解释：虎在自然界中是高级消费者。植物滋养了草食动物，草食动物又提供给肉食动物。有虎生息的地方，那里总是存在着一个稳定的高生产力的生态系统。也正是这样，世界上才重视对虎的保护。华南虎在野外的近似绝迹，正是向我们敲起了警钟——自然生态已遭受到严重的破坏！

我已看到了他坦诚着的博大胸怀，也明白了他睡在又臊又膻的虎房时所想的：那不仅仅是为了保存一个物种，更不只是为了创造一个美的形象，而是为了我国自然保护事业的蓬勃发展！他是要使整个大自然无比壮美起来！

高山营地

还是去年，从事野生动物保护工作的卿建华同志，就邀请我到已参加联合国教科文组织《人与生物圈》协作网的卧龙，去访问大熊猫的故乡。感谢林业部和四川省林业厅安排了这次行程。

4 月初在西双版纳，正是旱季就要结束、雨季即将来临的最炎热的天气，我们整天浸泡在汗水中。5 月初到达成都，人们才穿上了夏装。5 月 13 日中午，在小金县热得只能穿件汗衫。4 小时后，翻越海拔 4000 多米的巴郎山垭口，向卧龙保护区前进时，初为大雨，继之冰豆，最后竟是风雪狂作，汽车喘息如牛。我们小心翼翼地在积雪和塌方滚下的山石中行走，从海拔 4000 多米的山口往下移动。到了海拔 2000 多米时，魔帐般的雪絮风帘消失了——暮色中迎面扑来的是一个奇妙的世界。我们在这个春意盎然、生机勃勃的世界中，度过了难忘的几天。

珍贵动物熙来攘往的世界

出了保护区管理局，艳阳下白雪银峰的四姑娘山光辉夺目，使得被森林覆盖的千山万壑更加苍茫碧绿。我们沿着皮条河南岸行七八里，已进入了研究中心的臭水沟白岩观察点的区域。但我们还要爬山，向海拔 2520 米的野外高山营地攀登。

溪水湍急，险峻的山崖上还残存着积雪。没走多远，我身上的衣服被汗湿了，鞋袜、裤子也被露水打湿。头上冒着热气，嘴里喘着粗气。但是，走在前面的中国专家组副组长、身材魁梧的胡锦矗教授和瘦小精明的胡铁卿工程师，却像是在悠闲地散步。我比他们年轻，所以有些不服气地嘟哝着。胡教授笑了："我们天天爬山，要有你那么多的汗淌，早就脱水变成木乃伊了。"

后来我才知道，今天这段路，算是"一级"好走。他们每天要在比这险峻得多的山道上不断地巡回观察，不能说话，也找不到人说话，只是默默地工作着。

最可恶的是山蚂蟥，它们一听到脚步声，就从杂草、树叶上抬起身来。你还未在意，它已把丑陋的身子吸附到你的身上。别看它又小又细，吸饱了人血，它就会撑得又肥又大。我们只得时时停下清除身上的吸血鬼！

一只红眉朱雀从头顶挟翅而过，留下了三两声婉转的啁啾。胡工程师回头对我说："你马上就能看到正在盛开的团叶杜鹃和美丽杜鹃。"

刚拐过山弯，在青翠翠的绿海中，果然耀起一簇簇、一片片、紫莹莹、粉嫩嫩、红艳艳的杜鹃花。它和江南一带的杜鹃花（又名映山红）相比，树高、叶肥、花大。我国的杜鹃向来以品种多而著称，尤以云贵川为最。由于高山垂直气候带的差异，它们随着季节，三四月从山下向山上依次吐艳，直到8月，还是高山杜鹃的盛花期。附生在大树上的杜鹃，甚至到11月份还是花朵灼灼。正是这样，它令世界各国公园所垂涎。随着杜鹃花的灿烂怒放，团团锦簇，红眉朱雀也愈来愈多。我在猜测着这种鸟儿和花儿的关系。胡教授说："是的，红眉朱雀喜爱啄食杜鹃花。"

刚到达山脊，翠绿的珍珠松夹道而立，优美的树冠绿得耀目，绿得清新，绿得如云浮在头顶。我们才跨进林下，就像跃入一泓碧水，尽情沐浴……教授轻声说："这是迎宾大道！"

经他这么一点化，那排列两旁的珍珠松犹如一列仪仗，风正拂过林间，吹奏起震撼心灵的生命之歌……

几只白腰雨燕在翘首探望蓝天白云的麦吊云杉和比熊猫历史还要悠久、号称活化石的水青树上空纵横驰掠。想到它们的巢要建在崖石上，我试探地询问："离白岩不远了吧？"

胡工笑我是“现烧热卖”——他们昨晚才告诉我，观察点因有块白色巨岩而得名，刚才又用红眉朱雀和杜鹃花的关系提醒了我。尽管如此，若不是他们的指点，我还是怎么也找不到谦逊地躲在绿海红花中的营地。说是营地，只是三顶蘑菇般的白色帐篷和一顶烟熏火燎的板棚。

在这里苦心经营过的老“卧龙人”，却仍然亲切地叫它为“五一”棚。几年前，胡教授带领几位同志看出了这块荒野的价值，创建了这个科研基地。那时生物学家们从泉眼挑水到仅有的一间板棚，需爬51步山坡，年复一年，日复一日，落脚处竟蹬出了51个台阶。连大熊猫也常来做客，坐在几米远处瞅几眼，吃点鲜笋，又悠然而去。乍来的人似乎难以相信，这就是举世瞩目的、我国和世界野生生物基金会联合建立的、保护大熊猫研究中心的高山营地。

从今年1月份开始，世界野生生物基金会聘请了专家来到这里，和我国动物学家一起进行研究工作。他们以自己的成就回答了世界人民的关注。

是的，它太静谧而平淡了。这里没有蛛网般的电线，没有高耸的楼房，没有现代化的交通，甚至没有人声的喧哗，连炊烟也只轻云般袅袅，只有穿谷踏岭的微风悄悄地拂动着寂静。

然而，在绿色的帷幕中，却有着一个喧嚣的生命世界。

科学家的智慧和辛勤的汗水，帮助人们打开这座生物宝库。你想在密林野地看到珍禽异兽的生活，除了智慧，还需要耐心和机缘。

远山，珍奇的白马鸡在一声声唤着。我们去拜访金丝猴，却在白岩的上方发现了一片树林的皮都被剥掉。八仙花和杜鹃花也断枝残叶，像是遭受了一场灾难，大自然为何专门肆虐这片地方？胡教授的手指触了一下被剥了皮后冒出的树浆，宣布："昨晚金丝猴在这里进了晚餐，又呼啸而去了。它是典型的树栖动物，一切活动都在树上，三四米的距离，一跃即过。"

正行走间，胡教授突然蹲下了身子，他看到草莽中有一堆粪便。我们却发现了前面的箭竹丛中大熊猫的通道。在一摊明显留有未消化的箭竹纤维粪团边，到处是它用牙剥下的笋衣、断笋、箭竹梢和根部（它只吃中间那个部分）。胡工一数，有 40 多团粪，他轻声说："熊猫在这里美美地生活了 2 天。正常情况下它每天拉粪 20 多团。在野外，常依靠粪便量推测它在一处栖留的时间。"

我则奇怪胡教授还蹲在那里。

他发现的是豹子的粪便。豹是大熊猫的天敌。

我正担心这只大熊猫的凶吉，胡教授已站了起来，一甩手，将拨拉粪便的棍子丢掉，松了口气："豹子来迟了一天，熊猫早走了。是头水鹿遭了殃，粪便中都是它的毛。"

“它不跟着追？”我问。

“熊猫也有避敌的绝招，要不早就绝种了。但由于保护区内禁猎，豹、熊，特别是豺狗的增加，确实对保护大熊猫提出了新的课题——既要维持生态平衡，又要适当消灭大熊猫的这些天敌。要做的工作太多了！”

大熊猫的粪团

他指着一棵大树，说是不久前曾有两头熊猫坐在上面乘凉，他在旁边伏了两三个小时，观察它们嬉戏的憨态。但不远处却是黑熊在树上架的一个窝，枯枝上还像有残留的喜鹊窝。

有着华丽羽毛的唐氏白斑背啄木鸟，一边笃笃笃地敲着树干，一边沿着树干作螺旋式的旋转。为了选取最好的角度拍摄下它最好的神态，胡教授在树丛中等了好长时间。

是的，在胡教授和胡工的眼里，这里是一个生趣盎然的世界：天空有飞鸟，栖息森林的有金丝猴、隐纹花鼠、啄木鸟、旋木雀，隐居在林下的是林麝、鬣羚、岩松鼠、红腹角雉、白雉、水鹿、牛羚、金猫、豹、豺，林下穴居的有各种鼠类和豪猪。它们各自占据一定的空间，形成一个立体的生态体系。即使是无生命的土壤、水，也和植被、动物有着直接的关系。牛羚嗜食含有盐分和硫黄的“臭水”，大熊猫专喝流水。水鹿则不管流水、静水之分，想喝就喝，有了疥癣，还专找含硫的水沐浴消炎……

这里是珍贵动物熙来攘往的世界，它们中很多都在国家一二类保护动物之列。据初步调查，这里有包括珍贵动物在内的兽类100多种，鸟类200多种；有水青树、连香树、

它在眺望自己的家乡

四川红杉等高等植物4000多种。但它们怎样互相赖以生存、互相制约、共同在这里生息繁衍的呢？又怎样才能保护大熊猫，使其种群恢复、摆脱绝灭的厄运呢？这正需要科学去揭示其中的奥秘，也是作为尖兵的高山营地的任务。

随着研究工作的深入，捕捉大熊猫的课题，紧迫地提到中外专家的面前。但按照科研要求捕捉大熊猫，谈何容易！

大熊猫的雅号和诨名

动物学家给了大熊猫一个雅号——竹林隐士，这倒很形象地概括了它的生活习性：它赖以生存的食物是竹子，平时只在海拔3000米上下的箭竹林隐居，天马行空，独往独来，撵竹追笋。外国专家来了一两个月，甚至还未能在野外一睹其尊容呢！且不说卧龙保护区面积有20万公顷，即使臭水沟白岩观察点，范围也有2000多公顷，怎样才能请来这些竹林隐士呢？

捕捉大熊猫的圈套放置了，关捕大熊猫的笼圈架设了。圈套是种活动的脚扣，只要大熊猫一脚踏中，那就跑不了，这是“守株待兔”。笼圈内放上诱饵，那是“请君入瓮”。研究人员每天两次，怀着满腔的希望去探视有无大熊猫落网。这种工作听听是具有无限诱惑力的，对中外专家却意味着严谨和辛劳。

观察区内是海拔2300米至3600多米的起伏山峦。河流有臭水沟和金瓜树沟。臭水沟水系呈扇状辐射。在密如蛛网的小支沟尾部，多为开阔的河谷，箭竹丛生，是大熊猫最爱徜徉的地方。从位于西北角的营地“五一”棚出发，若是一个人沿着巡回路线走一趟，则需要十天半月。

说是路，那是什么样的路啊！仅就从营地到白岩的一段，只有一线路影子从林下灌木丛和草莽中露出。峭壁处要走栈道，过谷要从独木桥上走。我们空身，也是小心翼翼，汗流浃背。在野外工作的中外专家，每人还要背着必要的仪器和工具。我试过胡锦矗教授的背包，总共有10来千克重，还不包括途中采到的标本。

再说气候吧：二三月的天气，常是雨雪交加，至于碰到出没的野兽，那更是早不见晚见的事。我们研究大熊猫的专家们，每天就在这样的道路上去查看每一个点，然而，带回的却是失望。

夜晚在营地的帐篷中，已听到大熊猫的吼叫，眼看就到它们的繁殖季节了。若是错过了这个季节，又要等到来年。一次次的失望和时间的紧迫，使有些人焦急万分。是笼圈捕不到大熊猫，还是诱饵失去了诱惑力？

正当有人产生一连串疑问、被焦急烧灼得坐立不安时，细心的人却发现，胡锦矗教授还是那样坦坦然然、有条不紊地工作，似乎大熊猫早已拴在他的帐篷里，只要愿意，可以随手牵出来。他从20世纪60年代初期搞资源调查，20年来足迹踏遍巴山蜀水，对大熊猫的研究更是成果卓著，人们有理由这样相信。

但是，他的秘密武器在哪里？

是笼圈不行？资料记载曾用它捕捉过10多头。新中国成立前，被掠夺到国外的大熊猫，也大多是用它逮到的。而且，它具有其他方法无可达到的优点：不会伤害大熊猫一根毫毛。真是诱饵失去了诱惑力？

大熊猫还有另一诨名——酒肉和尚。人们常常被大熊猫的憨态逗得捧腹大笑，其实它却有很多怪癖。比如，它常常醉履蹒跚地踯躅在山野，难道它会像猴子一样酗酒？说来可笑，致醉的非酒，水也！大熊猫常狂暴地饮水，直到肚皮胀成了个圆球。原来就笨拙的它，这时更是踉踉跄跄，醉态十足。曾有人用根树枝像赶猪一样，将醉熊猫赶去、捉住。

它对圆形的东西很有兴趣，常潜入居民家里搬弄圆木、粪桶嬉戏。它还好舐咬铁器，古人曾误认它吃铁，因而叫它“食铁兽”。因此，又以为它的尿可以化铁。

它的食性，正如人们所知道的是素食，只吃竹和笋。但它更好偷嘴，会不顾一切地闯入居民点窃取肉骨头，特别是被烧烤过的羊骨。科学家揭示了其中的奥秘——它的祖先原是肉食动物，只是千万年的变迁、生存竞争的结果，

大熊猫很喜欢饮水。对水，它很挑剔，只饮清亮的流水。即使是冰天雪地，它也要找到流水。大熊猫常常狂饮，将肚子撑得圆圆的，步履蹒跚，犹如醉汉，山民称之为“醉熊猫”

改变了它的食性。

笼圈内的诱饵，正是利用了大熊猫不忘祖先的美德——放的是烤羊头、烤羊骨。它不会放弃这种美味。

原因只能归结到圈套和笼圈设置的位置了。而这看来简单的问题，其实却包含了复杂的内容，如对大熊猫生态知识掌握的深度。

胡锦矗和他的同志们经过多年的研究发现：与竹比较，大熊猫更爱吃笋；各种竹类中，尤爱冷箭竹；就是箭竹，它也只爱吃某一部位，而将其他丢弃。甚至对同一地区、同一海拔高度、同一竹种，它在采食时也选择挑剔。它对竹林密度大或过稀的竹子，是不屑一顾的。

根据这些情况，经过周密的筹划，对圈套和笼圈的设置点进行了调整，又将羊骨重新烤得香喷喷的。

一分耕耘，总有一分收获。喜讯终于传来：3月10日清晨，白岩点套获了一头3岁的大熊猫，是位王子，取名龙龙。仅过一天，即3月12日，笼圈又关住一头10多岁的大熊猫，是位贵妇人，取名珍珍。4月18日，又关住一头2岁多的大熊猫，是位公主，取名宁宁。一向宁静而肃穆的营地沸腾起来，喜悦涨得心都疼了，人们抑制不住兴奋。世界野生生物基金会的夏勒博士高兴得跳了起来，还向基金会发了喜报。

在抓住这3头大熊猫时，科学家为它们作了详细的体

巨大铁杉下的树穴，成了“贵妇人”珍珍的产房

格检查，填写了“户口”档案，又小心翼翼地为它们带上了项圈——装有微型发报机。等麻醉剂失效，它们醒来时，发觉只是南柯一梦，又颠着个肥臀逍遥自在地投向了大自然的怀抱。

先进跟踪仪器的装置，为科学家们揭开大熊猫神秘的生活内幕创造了条件，同时，也带来了更多繁忙和艰辛。从3月10日起，中外专家就带上仪器，分别在每一个点上收听大自然的骄子——大熊猫行为的信息。不管是刮风飘雪或滂沱大雨，15分钟就要作一次记录，24小时不能间断。特别是值夜班时，别的同志都排两人一班，而胡锦矗教授

胡教授也想当一次熊猫，他能体会到珍珍那颗母爱的心吗

和夏勒博士却只能单独值班。

在远离营地的荒山野岭观察点上，既不能架帐篷，又不能生火、说话。老天爷也凑热闹，不是飘雪就是洒雨。夜，是黑沉沉的，伸手不见五指。四周是林涛的汹涌，只有呼出的气，像团白雾似的。气温常在零下，最冷时甚至到零下 10 摄氏度，眉毛胡子上结了冰碴儿。等到早晨回到营地，身上已披了一层冰铠，但脸上却荡漾着笑容——科学也正在窥视他们。有时只是洗把脸，吃上一口热饭，又匆匆走向山野，去观看已过去的 24 小时里大熊猫经过的地方。

在胡教授的指导下，我们曾在白岩点戴上耳机寻找有

"户籍"的3位大熊猫。悦耳的"波、波"声，像是在呼唤，又像是在催促。再加上综合别的跟踪情报，信息很快告诉了我们：珍珍正在X地区奔跑，龙龙在Y地区酣睡，宁宁却游荡在Z地区……我曾参加过考察队对黄山短尾猴的跟踪，艰难的经历使我懂得先进科学跟踪仪器的重要。但更使我懂得：科学工作者那颗滚烫的心和博大的胸怀！就说胡锦矗教授吧，他是我们20世纪50年代培养出来的研究生。他的生活道路，当然带有那个已过去的时代知识分子所特有的辛酸、创伤。但是，在我们相处中，他从没有主动向我透露过半句，只是滔滔不绝地说着动物学领域的发展和研究大熊猫的种种计划。

对于在科学崎岖道路上的跋涉者，最大的奖赏和喜悦，莫过于新的发现了。"五一"棚营地的科学家，终于等来了这一天。

4月13日，白岩观察区迎来了一个珍贵的晴朗的天气。灿烂的阳光在茫茫的林海耀起无数的亮点，各色杜鹃花艳丽得如云霞一般。山谷里不时传来大熊猫的吼叫——粗莽的、尖厉的、急切的、带着颤抖的吼声。多只大熊猫的骚动，预示了特殊情况即将发生，各个观察点都加强了跟踪。

根据各种信息和仪器，科学家们很快判定了骚动中心的方位——正是贵妇人大熊猫"珍珍"活动的地方。

机不可失，时不可待。中国专家组组长朱靖同志和夏

我们正用无线电跟踪仪寻找带有项圈（发报机）的大熊猫龙龙、宁宁和珍珍

勒博士急匆匆地奔到出现异常的地方。他们亲眼观察到了大熊猫的争偶和繁殖生态中的一些重要行为……

胡教授说：根据这一个多月的各种观察数据，有理由认为珍珍已经怀孕了。他们正在密切地注意着事态的发展，揭晓却要等到九十月份……10 月 20 日，胡锦矗教授和夏勒博士果然在二道坪看到了觅食的珍珍，听到了巢穴内幼仔的稚嫩叫声，在这之前，他们已从仪器中观察到珍珍处于产前和产后的状态。

这些珍贵的资料，将有助于揭示大熊猫生殖流以及整个繁殖生态的奥秘，解决人们长期以来争论不休的问题。

篝火，篝火

“五一”棚的黄昏是迷人的，森林上空幻化多姿的云霓更令人陶醉。每天，当这样的时刻到来时，营地里总是飘荡着欢声笑语。在山林中跋涉了一天的科学家们、工作人员，都在板棚内熊熊的篝火旁吃着晚餐，交流一天的工作，议论明天的日程，宣布重大的决定……也只有这时，营地的人员才能齐全。

这个研究集体，就像是熊熊的篝火，热烈、欢快、融洽。无论是常常在沉思的夏勒博士和他活泼的夫人，还是短期来工作的外国朋友，也无论是我们的教授、专家和工人，都在一口锅里吃饭。喷香的冒着热气的菜，一盆盆地放在锅台上，谁想吃什么就舀上一勺子。虽然生活艰苦，工作劳累，但共同的事业是条坚强的纽带。

夏勒博士是位已经取得很多成就的动物学家，每天透晓时，他就揣着干粮，走在巡回、观察的路上。整个白天，很难在营地见到他的面，直到晚饭时他才出现在篝火旁。夜幕降临了，他帐篷里的灯要亮到深夜，他从来都是要把当天的工作做完。正如朋友对他的评价：“他靠兢兢业业地工作，从不侥幸。”他正是以自己的行动，消除了民族、语言、地域的隔膜，受到大家的尊敬。

胡铁卿同志的到来，使今天晚上的气氛特别热烈。这里的同志都是他熟悉的战友，特别是胡教授更和他有着不一般的关系。20 世纪 60 年代初期，年轻的胡铁卿开始认识到自然保护工作的意义，胡锦矗也早已在这个领域探索，是资源调查使他俩相识。20 年来，随着自然保护区的建立和这一事业发展中的重重困难，他俩结下了深厚的友谊。由于工作岗位的不同，这两位同样从事着自然保护工作的战友，也是很难有机会碰到一起。胡铁卿在省林业厅工作，对行政机构的运转有着深刻的了解和体会。胡锦矗在大学教书，擅长在动物学领域驰骋。一切需要行政机构运转的工作，胡铁卿挺着胸膛承担了下来，而带领考察队则由胡锦矗去跋山涉水。两人配合默契，如乒乓球的双打运动员。

正是这种互相支持、互相信任，使他们在十年浩劫期间渡过了一次次风浪，坚持了工作，取得了成就。

看着他们那样亲切地交谈，我心里不禁涌起一股热流。

四川省的自然保护工作是卓有成效的，已划定13个自然保护区，所占面积在全国各省名列第一。这些都是由于各级政府的重视，特别是林业厅的努力。但是，公正地说，这些成绩中有着这两位战友的心血和汗水，有着从1974年就在巴山蜀水中跋涉的珍贵动物调查队队员们的辛劳。他们的功绩，理应得到人民的称赞。

话题不知怎样一转，转到卧龙自然保护区存在的问题：森林仍然不断被砍伐，植被遭到破坏，我们亲眼看到在保护区内居民门前堆放了直径三四十厘米粗的“烧柴”。偷猎珍贵动物的事件也不断发生——就是近期，不仅有人在保护区下套捕獐取麝，而且把套子下到了白岩观察点内巡回的路线上，在“五一”棚附近就拣回了9个套子！年年都在抓这些问题，但问题却没有彻底解决，这怎能叫他们不焦急！

而存在的问题又并非是他们所能解决的。两位战友设计的种种方案，一个个被自己否决。困难、焦急，使他们一直谈到深夜。值得一提的是，四川省自然保护工作已提供了一条经验：只要当地政府能以国家利益为重，充分认识到自然保护对子孙万代的益处，扎扎实实地执行已颁布的法令，那么，保护区的工作就做得卓有成效。关于这一点，这两位战友是早就充分认识到，而且正是由他们亲自总结的。然而现在，我们是不是应该做得更多呢?

长颈子　长鼻子

8月的香港，湿热，浸在汗水中。鳞次栉比的高楼大厦更显得沉闷，但我们的心灵却在狂舞，喜悦与渴望相激相拥。因为我们即将乘机飞往南非，去拜访一片神奇的土地，并非因为它是钻石、黄金的王国，而是因为千姿百态的动物世界——

那里有陆地最高的动物长颈鹿、体型最大的大象。

别看长颈鹿很少发声，可它会用长脖子说话。别看大象的四肢粗壮如柱，可它有着神奇的长鼻子。

那里有兽中之王的狮子；

那里有独角兽犀牛、斑马、奔走如飞的鸵鸟；

那里有成千上万只集群迁徙的角马群；

那里有老虎、狮子都退避三舍的野牛；

那里有冷面杀手鳄鱼，肥胖的河马；

那里是羚羊的家园，奔跑着千姿百态的羚羊；

那里有会织布的小鸟；

那里有沙漠、森林，一望无际的干旱稀疏草原；

…………

对我来说，即将走进童话王国。

花的王冠

我和李老师是午夜登上飞机的。飞机向南向西飞行10多个小时后，炫目的阳光将我唤醒。舷窗外，红色的原野上，铺展着绿绿的树、银光闪亮的河。

啊！南非，难怪你被誉为彩霞之国！

在约翰内斯堡稍事休息后，又转乘飞机2小时，到达了蔚蓝大海环抱的一座城市——开普敦。

开普敦是南非的立法首都，第二大城市。南非的行政首都在比勒陀利亚，现已更名为茨瓦内。它位于著名的好望角北端的狭长地带，西郊濒临大西洋的特布尔湾，南郊插入印度洋，挟两大洋于腋间。它也是西方殖民者来到南非的最早的落脚点，建立于1652年。

开普敦是座别具韵味的海港城市。它像一颗璀璨的钻石，镶嵌在蔚蓝的大海上。它背靠大山，面临海湾而建。近海挤满各色的游艇，远海有庞大的海轮点缀。

它背靠的大山，如一硕大石头的桌子，号称“上帝的

开普敦背山环海，是世界上最美丽的城市之一

餐桌”。

刚下飞机，我们感到凉爽、惬意，神情一振，像是换了个人。我们的住地在小河的边上。

鼓乐声将我们唤醒，看表，时间是下午4点。窗外广场上有两支黑人兄弟的小乐队，准确地说，应是鼓乐队，因为唯一的乐器就是鼓。不同肤色的游客们已闻鼓而舞。中国也是鼓乐之乡，西北的威风锣鼓，云南的象脚鼓，贵州苗家、侗家的铜鼓，维吾尔族的手鼓，都是各具特色。但非洲的鼓声自有特殊的奥妙，当它传入你的耳膜，你的腰身就会自然地动起来，舞起来，跳起来……

我们信步走向广场，正待走近时，“扑喇”的水声响起。

怎么，有大鱼？我在巢湖边长大，这是很熟悉的鱼跳声，应是一条不小的鱼。

这才看到，左边是条小河。我们快步走去。

嗨！一只乌黑的海兽正在翻腾，嘴边的胡须油亮，别小看了这些胡须，它可是海狮的重要器官，它能感应到几十海里之外的声音，是名副其实的“千里耳”。

“扑喇！”又一条大鱼跳出水面时，水底蹿出的海狮足有七八十厘米高，张嘴就把鱼衔到嘴里……三只海狮全都拱出了水面。

哈哈！它们正在围猎。

在海洋馆里海狮的表演是最受孩子们欢迎的节目。它

作者在开普敦桌山

们可以编队、顶球、投篮、跳高、跨栏……可这儿不是水族馆，是海湾中的一条小河，没有栅栏，更没有驯兽员。

我怎么也没想到，穿流在这样闹市的小河中，居然有这样的风景！

岸边稀落的行路人，只是对海狮的精彩表演偶尔瞥来一眼。是司空见惯？

只有河湾处几个孩子扎堆注视着河岸。我们紧走几步过去，那是一个伸出水面的缓坡，像个微型的海岬，原来有四五只小海狮爬着，正围在妈妈的身边争着、抢着吃鱼。

又一只海狮从水中跃出，用前鳍爬上岸，将嘴中衔的食物往小海狮嘴里递去，那小家伙却不情愿地一摆头，它的妈妈口中的食物掉下了——是个灰色的小石子，掉下的声音很脆！

是在逗孩子玩？

岸上围观的孩子瞪着惊奇的大眼。

它的妈妈用前鳍爬着，拖着后鳍，追着那小家伙。经过几个回合，最后终于将小石子塞到小海狮的嘴里，让它吞下。

孩子们鼓起了掌，他们的议论我听不懂，但笑得咧开了嘴，露出了雪白的牙齿。

怎么？海狮也像鸡一样吞食小石头帮助消化？真是长了知识。

海狮们又在水中低头拱背游起，刚在这里冒出一个水花，转眼已在一二十米开外露头。

生活在城市河流中的海狮

小海狮们突然奋勇向河岸上爬，小乐队已转移到这边，鼓声激越欢快——它们

路边的雕像

是想看看那声音是从哪里来的，或是要驱赶鼓声带来的烦躁不安？它们胡须的听觉太灵敏了。

它们的妈妈连忙爬去，虽然行动憨拙，但还是拦到了小家伙的前面，用身体拦截了它们，把它们向水里推拱，小家伙们顽强向上，妈妈们也就不屈不挠……

一阵水鸟拍翅声响起，左前方的海湾中腾起了黑麻麻的鸟，几千只鸟组成的鸟阵如云，涌向夕阳落霞，织成美丽无比的画面。

那灰白的是海鸥，那黑黑的是鸬鹚——海鸬鹚，我还从来没有见过如此庞大的鸬鹚群！

鸬鹚俗称黑鬼、鱼鹰，是捕鱼的能手。我们曾在青海湖探访过鸬鹚堡，它兀立于湖中的山崖上，是鸬鹚们的繁殖地，几百个鸟巢如馒头般遍布在山石中，但却没见到这样群起群落的壮观。

“在这样繁华的大城市，竟有如此的景象——这就是人与自然最美的人间境界！”李老师如痴如醉，伫立在暮色渐浓、华灯初放中。

我们漫步向住处走去。突然，馨香拂动，一丝彩光撩眼：花店里插花瓶中一朵硕大的花，是那样富丽堂皇、高雅漂亮。形似莲花的半球形的花蕊泛着淡黄，好几层的花瓣和苞片挺拔、厚实，色泽由浅至深，直到粉红、水红、大红……其直径最少有20多厘米。

真像一顶闪闪发光的皇冠！抑或皇冠就是模仿它制作的。

看了半天也不愿离去，痴迷的状态引来了老板。她很优雅地指着花儿说了一大串话，可我们一句也听不懂她的介绍，只好连连点头。但心里都很急，只是巡视着街上往来的人群。

幸好，看到了貌似同胞的人。黄皮肤黑眼睛的并非都是华人。我急忙上前拦住一位男士，用汉语打招呼。算是机缘，他会汉语："南非的国花，花名叫帝王花，很名贵。"

再问，他就说不出所以了。我们还是无限感激。

这朵帝王花引发了我的很多遐想，更是引发了时隔3年后再去开普敦植物园探访。

植物园在一座山下，建筑物都在红花绿叶的掩映中，由于时间关系，我们直奔主题——寻找帝王花。

帝王花又称普蒂亚花、帝王龙眼，据说还有木百合花之称。

园区很大，我们不懂英语，无法询问，只能凭着感觉走，

南非国花——帝王花。多年生小灌木，花朵大，花期长

走得头上都沁出汗了。右前方山坡上彩霞飞虹，引得我们飞奔而去。

是的，紫的、黄的、红的、蓝的花儿织成了云锦，杯形、钟形、爆竹形、喇叭形的花朵更是千姿百态，高高的望鹤兰，如引颈长鸣，难怪有天堂鸟之称……

帝王花的茎秆粗壮、碧绿，高高地顶着灿烂、炫目的皇冠。

花圃中的帝王花鲜活，洋溢着勃发的生命光彩，看似一个五彩缤纷的大花球，色彩艳丽、端庄，雍容华贵。

是的，看清了，它是灌木，碧绿的叶片大而厚实，一棵植株上盛开着三四朵硕大的花球，散发着淡淡的幽香，几只蜜蜂翩翩其间，嘤嘤吟唱……

正巧，一群花枝招展的黑人妇女从园旁经过，那大红、大绿、大紫的服饰，竟然与花圃中的色彩是那样天然的协调，相互辉映，平添了一道风景。

我想，她们的服饰色彩肯定是受到了她们生活的土地以及开放在南非大地上的艳丽的鲜花的启迪。

王冠或许是依照它的形状制作的

“太美了！难怪有‘花季少年’‘笑

像不像帝王出行的华盖

得像朵花’‘花样的年华’这些词汇，它是生命最美好的象征，是上苍赐给芸芸众生的礼物，它让你觉悟、感悟，体验生命的真谛……”

我很惊讶李老师的感慨、感悟。

可是，它对我们还有着太多的奥妙，更何况有位朋友曾说过，开普敦植物区系非常有特色。“学问”，“学问”，找人问吧。

可找谁呢？我们不具备语言搭建的桥梁，别说南非的方言有好几种，就说英语吧，我们今天虽然邀请了一位略懂英语的朋友同行，可这其中牵涉到植物学，而植物学并不是游园的每个人都具备的知识。

正在愁急之时，李老师指了指不远处六七个正在翻整好的土地上忙碌的人，有黑人和白人。

我恍然大悟，快步向那里走去。

那些人有的单腿或双腿跪在地上工作，从衣着上看，不像是工人；从他们所使用的特殊工具和一丝不苟地挖土、播种看，那副虔诚的神态应是技术人员。

朋友上前问询，果然是教授、研究员们。一位黑人教授热情地随着我们来到了帝王花圃。

他对我们提出的问题一一作了回答，声音深厚，语调适中。从朋友结结巴巴的翻译看，也不知译意准确率有多高，姑且记下吧。

帝王花，造型优雅，色彩华丽，被誉为花中之王。

常绿小灌木，可长高到1米左右。多年生，可活100多年。花茎多，常有七八枝，也就是说一棵植株可开出八九朵花，最多的可开出三四十朵花。花球大，直

或许它和帝王花是一个家族的

径一般在 12 厘米至 30 厘米之间，每朵花都可开放很长时间不凋谢。

花期很长，每年的 5 月到 10 月，在南非各地都可看到它艳丽的花朵。

尽管心里还有着各种疑问，但看到充当翻译的朋友满脸的窘迫，也只好作罢。何况领队所给的一小时也早已到了，但我们依然心满意足。

几年后，我才从资料上查到，那个植物园很大，未能去观赏它的药用植物区、芳香植物区，留下了深深的遗憾。

富丽堂皇的帝王花

像彩笔一样

含苞欲放的帝王花

好望角寻找蓝鲸

从开普敦去好望角，车程近2小时。

途中见一松树林，树干挺拔，奇特的是多在二三十米高之后才发枝，生出树冠。树冠不大且平顶，犹如整齐的片片绿云，与我在国内看到的马尾松、云南松、红松相比，有着另一种风韵。

车驶过一片片原野之后，左前方显现出山坡、草地和渐渐拔高的山头。

“狒狒，流氓狒狒！”

车窗外传来又惊又喜的叫声，司机立即放慢了车速。

几只毛色黑褐的狒狒从草地上的羊群跑出，往游人处赶。

我们索性下车，司机立即警告：“背好自己的包，最好别对着它的眼睛看！”

对着猕猴眼睛看，它会攻击你。狒狒也是灵长类家族的。

李老师直往我身边靠，大概是在广西龙虎山遭到猕猴围攻后，心有余悸。

这些家伙胆子也太大了。你看，车上的人还没下来，它们已跳到车顶上，有只淘气包竟然往下车的人群中尿尿，淋得一位穿西服结领带的人一头一脸。他一边躲闪，一边大喊：“OK！ OK！”

还有坐在车盖上透过挡风玻璃往车里窥视的，随手玩着雨刮器，大概还嫌不过瘾，竟然又摇又拔，吓得车主大声吆喝。它玩得更欢了。直到扔去一块面包，它才饶了雨刮器，但那神情似在说：识相点，早给吃的不就完了吗？

是够流氓的！

笑声四起，游客们一边躲着狒狒们的恶作剧，一边欣赏着这只有在非洲才能见到的灵长类动物。

好望角的山头是一座冲向大洋的巨崖。它那地势和我国最美海岸之一——山东威海的成山头非常相似，一巨崖从海边向大海猛冲数百米。

乘轨道缆车接近山顶，坡度渐渐陡峭。下车后再徒步登到山顶。

啊！大洋，无边无际的大洋，碧蓝碧蓝的大洋！

著名海岬的山头面积不大，惊涛骇浪从脚下涌起，白浪翻雪，尤显得山头兀立、陡峭。

右边为浩瀚的大西洋。

左边为茫茫的印度洋。

两大洋就这样平平和和地相拥，两大洋的灵魂铸就了它无比壮阔的气魄！

过了几年后我们登临帕米尔高原时，面对着群山的摧波涌浪的纠结，脑海里却时时浮现两大洋的相交相汇！

“杀人浪！”

顺着惊呼人的手指方向——右边，大西洋约100多米处，一排巨浪如万丈峭壁矗立奔腾，突然喷起千仞寒光迸射的水花，好一会儿才传来与礁石相击的轰然一声！

我和李老师都不禁一震！

待到回过神来，仍然尚在惊心动魄之中，这种“杀人浪”是我从未见识过的浪。是的，我是在巢湖边长大的，在湖水中所有的游戏，我最喜爱的是跳浪——风暴来临时，湖中会涌起一排排高浪，它的浪峰向前卷起，以至浪体成了一个优美的弧形，形成一个半穹隆的水中隧道。最为奇特的是它打到沙滩时，往回的抽力很强。孩子们称它为“卷浪”，纷纷以跳浪表现勇敢并感受刺激。

所谓跳浪，即是当排浪来时往上一跳，探头波峰浪谷，

作者和李老师在好望角

然后再稳稳落下。考验勇敢、力量的是落地的瞬间，需要稳稳站住的定力。若是脚下一个疏忽，站立不稳，就会被回浪抽走，卷到深水处。我就是在一次被回浪抽走后，差点淹死。

我在英国海边的大西洋沙滩也游过水，观看过它的浪花翻涌，但从来也没有见过这样高的浪。

这样的浪使我想到了沙漠、戈壁中的沙尘暴，一点儿不错，大漠中突然矗立起连天接地的黑墙，黑墙中白的、黄的翻涌飞旋，天昏地暗……

大西洋以西风急流著称，疾风巨浪令人望而生畏。但好望角是航行于东西方的必经之地。当年的哥伦布就是绕过好望角，经由印度洋、太平洋发现美洲新大陆的。我国明代的郑和到达非洲时不知是否也经过这里，那是需要何等的勇气与顽强的精神，才能实现对未知世界的探索！

当他们看到好望角时，那是何等的欣喜若狂！所以好望角的意思是“美好希望的海角”。

又一个“杀人浪”在大西洋中腾起。

朋友说“杀人浪”可耸起20米高的浪头，古代帆船遇到这种浪，真是险象环生，死里逃生。在冬季，更有可怕的南极刮来的极地风引起的旋转浪。若是两者同时出现，说大洋如火山沸腾一点儿也不为过。

大自然就是如此显示它的力量。

蓝鲸

回程时，我们去印度洋寻觅蓝鲸的身影，虽然它是另一大洋，但好在离得不远，就在身边，这样的好机遇实在难得。听说在好望角和开普敦的海湾中，常有蓝鲸嬉戏。

天蓝蓝的，阳光在印度洋上闪耀，时时飘来的白云，在洋面上留下一片片暗色的水域，为蓝天大洋一色的风景平添了色彩。

“打赌吧，看看谁能先发现蓝鲸。”

在这方面，我一向不如她眼尖，好像有特异功能，在野外常是她首先发现目的物。

“要是看不到呢？”

“算你赢。彩头呢？”

蓝　　鲸： 鲸目须鲸科蓝鲸属的一种。最大的须鲸，也是世界上现存的体型最大的动物。分布于全球各大洋。最大的雌鲸体长 33.58 米。

体呈细长的流线型，体背面蓝灰色，上面色略浅至白色，头为均匀蓝色，背面和体侧面有杂斑。背鳍相对较小。

现存蓝鲸的数量很少，为国家二级保护动物。

“下一站到野生动物园时，我有权否决你一次行动计划，不准讨价还价！”

“中！”

两个老顽童击掌为信。她这招儿很厉害，是为了制约我在野外的胆大妄为。南非的野生动物世界，生活着大型的肉食动物，狮子、花豹、猎豹、鳄鱼全都有。临行前她已多次警告我，到了那里别看得得意忘形，万一遭到攻击出了事可不是闹着玩的。

我们从印度洋这边下山，注视着洋面上的变化。海岬这边的印度洋比大西洋要平静得多，近处有波有浪，稍远处只看到银光闪闪。

发现异样了，黑色的影子。真是时来运转，连忙指给她看：“像不像蓝鲸的脊背？”

她看了半天：“它在那干吗？晒太阳？一动不动？”

我心里虽也起了疑惑，但从洋面似是轻浪激波看，它还是有些沉沉浮浮的样子。

“你怎么知道它没动？远着哩，最少是在2000米之外，你看那水波……”

“你是在考我？是没法看得很清，找个参照物吧，我觉得它不像。”

“大洋水面一抹平畴，你找个参照物给我看看。故意出难题。”

“蓝鲸是鲸类中最大的吧？距离是不近，也不能总是露出那么小块的脊背吧？”

是的，蓝鲸是现今最大的哺乳动物，大得难以想象——身长30多米，仅就它的舌头，已重到2000多千克，体重一百五六十吨，相当于30多只大象，一百五六十只野牛的重量。它刚生下的孩子，身长就达到8米，体重6吨！

只有大洋才能容纳它庞大的身躯，也只有大洋才能是它生活的家园！

想想看吧，若是陆地上一百五六十头的象群，那是多大的目标！

她推着我的后背，闪着狡黠的眼神，乐滋滋地说：“快看，快看，蓝鲸呼吸喷水了！”

谁说她不幽默哩！

蓝鲸的“脊背”上溅起了水花，银亮银亮的，还真有点儿像是烟花燃放哩！可惜它太小了，高度太低了。

是的，那浪花证明它是一块礁石，哪里是什么蓝鲸哩！

“快看，快看，看那边！”

她高兴得跳了起来。

在礁石左后方，一条巨大的身影在游动。啊！它身后不远处还有一条。那脊背像是山岗，连划出的水纹都看到了！

“蓝鲸！真的是蓝鲸！”

像是听到了我的欣喜若狂的呼唤，它巨大的头颅浮出了水面，一股喷泉冲向了蓝天，银亮的水柱足足有10多米高！

那只蓝鲸也喷出了水柱，似是相互比赛，看谁的肺活量更大，更英武！

在我们狂呼高叫声中，游人们纷纷拥来，各种语言叽里呱啦欣喜响起。竟然有人喊起：“哥们，再来一个！”

可蓝鲸一低头，巨尾一摆，已潜入大洋……人们久久没有离去，盼望的眼神紧紧地盯着洋面，渴望两位深居大洋的朋友能再露面。

青铜像——呼唤生态道德

今天从约翰内斯堡启程去南非克鲁格国家公园。

南非有很多野生动物园，小的动物园由农场主经营。

大的国家公园有18座，克鲁格国家公园是南非最大的野生动物园。它紧邻津巴布韦和莫桑比克两国，位于德兰士瓦省东北部，勒邦博山脉以西地区。

公园占地长约320千米，宽约64千米，共有20000多平方千米，大致相当于我国的柴达木盆地。

克鲁格国家公园具有两大特点，其一是世界上自然环境保护最好的公园，其二是在这里生活着世界上最多的野生动物。

不信？请看看它的野生动物户籍册吧：

哺乳类动物约 147 种；

爬行类动物约 114 种；

鸟类约 507 种；

鱼类约 49 种；

植物约 336 种；

羚羊约 140000 只，种类繁多，有大角羚羊、小角羚羊、草羚、瞪羚……几乎集中了非洲所有的各式各样的羚羊；

非洲象约 7000 头；

非洲狮约 1200 只；

犀牛约 2500 头；

野牛约 20000 头；

还有长颈鹿、河马、斑马、鸵鸟、鳄鱼……

这在生态危机的当今，在其他大陆上大多野生动物的生存空间已被大量挤压的现代，毫无疑问是最可宝贵的资源，也是最大的野生动物王国，或许是属于人类的为数不多的一片自然保护区。

最令人崇敬的是，野生动物自然保护区早在 1898 年就已建立。100 多年前，世界上有多少人已意识到，即使是人类为了自己，也必须保护这些山野朋友，必须保护人类赖以生存的自然环境呢？可以说，寥若晨星。

我国的自然保护事业，从立法的角度说起始于 20 世纪 50 年代，整整晚了半个多世纪。

为了瞻仰这位伟大的自然保护者，途中我们特意赶到了一个小镇。镇上挤满从世界各地来的游客，他们有着不同的肤色。

无须询问路径，只是跟着人群走。

中心广场上一群鸽子迈着悠闲的脚步寻食，花圃中屹立着一尊雕像，身材魁伟，凝神、慈祥的目光注视着大地，注视着每一个仰望者，似乎是在说：你来寻找什么？你能为保护自然野生动物做些什么？

他就是当时布耳共和国最后一位总督：保尔·克鲁格。

人们为了纪念他对自然野生动物保护的功勋，将世界上最大、最有特色的野生动物园以他的名字命名！

人们为了使他的保护自然的思想能够发扬光大，为他建立了雕像，警醒着人们。

我和李老师走过的国家不算太少，但为纪念保护自然的伟人雕像，克鲁格是第一位。我们站在他的雕像前面，久久地仰视着，思绪绵绵。

南非长期沦为白人的殖民地，也曾是世界上实行种族隔离制度的最后一个国家。几天前，我们还站在开普敦的桌山上，凝视着囚禁黑人领袖曼德拉的小岛。他为争取种族平等奋斗终生。毫无疑问，总督保尔·克鲁格是位白人。但在19世纪的末期，面对人们对野生动物的残酷猎杀，他的睿智、他的人文关怀、他对人与自然的关注，使他决定为生活在这一地区的大象、狮子等野生动物建立保护区，制定、公布了强制约束人类贪婪的法规！

克鲁格的丰功伟绩，并不仅仅在于为野生动物们建立了一座自然保护区，而是在于倡导了一种思想——保护自然，制定了一部人与自然相处时应该遵循的行为规范，也可以说是树立了一种人类从未有过的生态道德。法律和道德是一切文明的两大支柱。法律是强制性的，道德是自然的约束，是一个人终生努力的修养和品质。

难道不是吗？克鲁格国家公园在野生动物保护、生态旅游保护和相关技术的研究等方面，在世界上是名列前茅的！

车在南非的原野奔驰，眼下正是旱季，山冈，丘陵，黄色、红色的土地，枯黄的草原，显得疲惫，只有片片的森林，以耀眼的绿色散发着生气。

最有趣的是路边荒野中的鸵鸟，只要一听到车声，立即伸长脖子，泛着黄色虹光的眼睛紧紧盯着车子，一步不挪，像是行着隆重的注目礼。

天边出现了一座大山的轮廓，以车程计算，我想那山前的一望无际的大草原，应该就是克鲁格国家公园了。

到了近处，才看清它并非“一望无际”，而是有着丘陵、山冈、河流、草地、湖泊和一片一片的森林。自然环境的多样性，才有可能孕育出生物的多样性！

这样大的公园，入口处应该不止一两个，但我们无法

纪念克鲁格的青铜像

知道这是第几个，太阳虽未落山，也只能大致判别它的方向。

营地是一幢幢圆形的草屋，是南非黑人村落的典型民居。屋子不算宽敞，但生活起居几乎是应有尽有，里面的设备都是现代的，让人感到舒适、惬意。

我的第一件事是赶紧烧开水，泡上黄山毛峰茶。然后是喝上两杯醇香的浓茶，涤除了四五个小时车程带来的疲惫。

李老师新奇兴奋的眼神中，隐隐有种不安——这只有我能读得懂。她刚一进屋就把门关起来了。

“走，我们出去散散步，熟悉熟悉环境吧！”

跳舞的孩子救了我们

我们在野外考察的几十年中，如果是支帐篷，总是要先将环境看清，再选择营地。营地的选择直接关系到我们的安危。如是山上，就要注意山形、崖势；若是流石区，一块大石落下就是灾难；紧临河边也不安全，大雨后可能有洪水……

但李老师并未积极响应。

“没事，天还没黑哩！不看清了环境，你夜里能睡着？我也不想与老虎、狮子共舞！”

对面草屋前，一对白人夫妇正在忙着烧烤，我不习惯这种油烟味，走得很快。那边还有几个白人的孩子在玩耍……

李老师用肘碰碰我，示意左前方有状况。

“你别太紧张，不可能有猛兽跑到这边。”

“你扯到哪去了，看那花。”

真的，一树红花很惹眼！花朵很规范，都是一般大小，都是五角形，都是红花中显出白纹。尤其是那红色，并不十分鲜艳，似是树干的高只有 1 米，但很粗实，没有半片绿叶和一丝绿色，全是灰绿色。

我正想说那是塑料花工艺时，又一想不至于吧？在这样世界首屈一指的野生动物园门前，还需要用假花来装点，岂不是大煞风景？

到了近前，李老师说：“不是塑料工艺花！”

当然不是。虽然它的枝干很不相称，不成比例，但树干的的确确是树干，直径不会小于 40 厘米，灰绿色的树皮很薄，无比光滑，像是一块玉石，晶莹且透出绿色。肉乎乎的肉质茎，很像一个圆筒。树头上冒出的树枝，也是短粗的，肉乎乎的。

“像不像我们家的大玉树？”

难怪刚才就有种似曾相识的感觉，经她这么一说，还真像哩。

我们家曾栽过一盆景天。景天俗名叫落地生长，以旺盛的生命力著称。只要插下它的一片树叶，不长时间就能生出根来并长大。

树干肉质，在阳光下闪着莹莹的青光。肉质的枝干上顶着肉乎乎的叶片，叶片肥厚，碧绿滴翠，叶缘时而还映着鲜红。

它耐得干旱，十天半月不浇水也没事，天天浇水也不烂根，一年四季常绿。

它渐渐长大了，四五年中换了几次花盆，俨然成了一棵青玉雕就的小树，闪着莹莹的光彩。朋友们都叫它玉树。

只是有一年冬天大寒，虽已把它搬到了室内，但因没有暖气，还是枯萎了。

后来，我们在青藏高原海拔4000多米处看到了在山谷中的红景天，十分感叹生命的顽强！

但眼前的这棵树，只有红花没有一片绿叶，无法断定它是否属于锦天科的。

其实，在开普敦，在植物园，都见到似是锦天科的植物，它们开着艳丽炫目的各色花朵。

“你不是说过南非有种石头花吗？”

“我也只是听朋友说过。”

“在旱季，它们不是也将叶子落完了？”

这句话倒是提醒了我。那位朋友说，南非的多肉植物特别多，特别精彩。有种生长在乱石丛中的石头花，它只露出半个身子在碎石外。它们的形状、植株的大小、叶面的花纹与周围石头的颜色非常相似，是著名的拟态植物。一是在旱季，昼夜温差容易在石块上凝成露水，这就成了极其宝贵、滋养生命的甘泉。二是这季节，干渴的动物们四处找水时，它藏在石头中，也就逃过了被吃掉的一劫。

但朋友说，它的植株很小，而我们眼前的这棵树却很大……

我们一边说着植物世界的神奇，一边向前漫步。转到那边的大路，我说："喂，看看那边。"

一排栅栏闪闪发光。

她笑了："就你聪明——知妻莫如夫嘛！"

"有这么多的凶猛野生动物，野营区怎么可能没有隔离带哩！放心吧，他们的安全措施肯定考虑得比我们仔细。时间不早了，回去养精蓄锐，以后的几天要聚精会神啊！"

傍晚，是鸟类活动的高潮，鸟儿们在低空飞翔，闪着彩色的光芒，映得晚霞尤为绚丽多彩。

我们不认识这些生活在南非的山野朋友，正在失落、遗憾中，听到了似是斑鸠的叫声，心灵一震，赶忙寻找很可能是他乡遇故知的朋友。

斑鸠是国内常见的一种鸟，外婆讲的斑鸠的故事，给我儿时的生活添了很多乐趣，对它也就有了特殊的感情。1997 年在英国时，还因斑鸠的不同叫声引发了一连串的故

织布鸟和它的鸟巢

事，回国后写了篇《斑鸠声声》。

似是斑鸠声传来的方向有棵大树，树上响着鸟儿们叽叽喳喳的叫声，热烈、欢快。

好家伙，树上挂满了鸟巢！

几只鸟儿正急急往树上飞去，闪着金黄的光。

“织布鸟！”

“真的？”

“绝对错不了！”

我惊喜得差点跳了起来！难怪那鸟巢制作得那样精细，严格地说鸟巢不是鸟儿们的居家，而是它们生儿育女的摇篮。鸟类学家说，鸟巢的形态、构造，在鸟的分类学上有很大的意义。

织布鸟以擅长织巢著称，是会织布的小鸟，非洲著名的观赏鸟。

是的，是黄胸织布鸟。据说织布鸟有多个亚种，黄胸织布鸟只是其中之一。黄胸织布鸟在我国云南也有分布，但数量少。在不少于七八次的云南之旅中，我只和它匆匆见过一面。但我从巢型、构造到它金黄的胸羽、体型，已断定它就是黄胸织布鸟。

到了近处，看到最少有五六十个鸟巢挂在树枝上，我指着最近的那个大鸟巢："看清了吧？"

"有经、有纬，像是用草织出来的。像个葫芦，倒吊着的葫芦。"

"完全正确。不一定是草，像是从哪种植物上撕剥下来的皮，要不然撑不起来。"

"它的脚爪这样灵巧，有这大本事！"

"不一定是用脚爪。你看，那纤维样的东西还绿着哩，有些新鲜。"

"经纬织得有板有眼，一丝不乱。"

有两只鸟钻进去了，只露出尾巴在外面。

"先拍照片吧，是哪种植物的茎皮，是用爪还是用什么织的，以后会看到。"

"光线不好，大闪光灯没带。"

"尽量往近处靠吧！"

织布鸟：也叫织雀。织雀科织布鸟属鸟类的统称。
中国有黄胸织布鸟，体长约14厘米。
雄鸟于生殖期头顶和胸部羽毛黄色，面颊和喉部暗棕色，容易识别。雌鸟及非生殖期的雄鸟，易与家雀混淆，但其羽毛底色带奶油色，喙亦较大。成群栖息山麓或低丘地带，食谷粒和昆虫。
巢上端有柄，悬在树枝或棕榈叶上。巢之外壁系折拗或撕剥大块叶片，再取纤维由雌雄鸟协力缝合而成。

织布鸟根本不理睬我们，只是沉浸在歌唱表演中。那叫声和麻雀的叫声差不了多少，短促且高频率。

距离还是远了点，我将摄像机交给了李老师，拿过照相机，想利用一米八二的身高拉近距离。

眼睛贴在取景框上，对着鸟巢和飞来飞去的小鸟，心想广种薄收吧，闪光灯频频闪起，镜头中闪了一个非常可怕的景象……

突然，感到有股冲力撞来，直撞得我往后仰去，“吧嗒”一声，摔了个仰八叉……接着是有个重物压到我的身上，“遭到攻击了”在脑子一闪，随即是一声大喊：“哎呀！”

惊得李老师目瞪口呆。

哪里是狮子、老虎啊！是个黑孩子！雪亮的眼白、雪亮的牙齿，闪着铜釉的黑脸，明亮的眼珠中满是急切、惊恐。

织布鸟采集筑巢纤维

他已迅速站起，一边伸出肥厚的小手来拉我，一边喊着：“黑曼巴，黑曼巴！”

看我们一脸的茫然，黑孩子又急又恐怖的神情，使我们心里直

织布鸟将巢挂在大树上，像不像一个倒挂的葫芦？巢口朝下自有妙用

发毛。他用手又是指着树又是喊：“黑曼巴！黑曼巴！”

他张开手臂，嘴里说着，像赶小鸡一样把我们往后赶，赶到退了四五步才罢。

不知道他说的是祖鲁语还是德语、英语，即使知道，我们仍然不懂其中任何一种语言。

难道树上有豹子？花豹、猎豹都是会上树的，体型也大。旱季树冠稀疏，不粗的树枝倒是有些密，横七竖八的，但也不可能隐藏住豹子这类动物。

如果有大型猛兽，鸟儿们不会是这种叫声。

孩子急不可耐，黑眼珠转了几转，突然举起右手臂将手往下一弯，迅速向我脸上啄来，惊得我本能地往后一闪。

“蛇！他说的可能是蛇！”

李老师的醒悟，吓得我冷汗直出——镜头中那恐怖的一闪被放大了……

“看，快看，那个有些发黑的鸟巢的右上方，树枝特别……”

有些逆光，虽然隐隐约约，但一条蛇的形象还是从混淆的树枝中渐渐清晰起来！

它利用保护色潜伏狩猎，躲过了兴奋的鸟儿们的觉察。

“看到了？蛇！乖乖，最少有2米多长！”

那蛇的头、双眼，注视的方向好像还在盯着我们。

李老师不禁打了个寒战。

它的猎物是谁？蛇类都是冷面狙击手。

我指着树上的蛇，对孩子说："黑曼巴？"

又举起右手上臂，学着他的手势。

"黑曼巴？"

孩子使劲地一边点头一边说："OK，OK！"

"剧毒，剧毒蛇！每年都有人死于它的攻击。"

李老师说："从我们的角度只能看到它的肚皮。这蛇是黄色的，你看肚子还是白色的哩！"

那蛇似乎在缓缓地收着后身。

黑曼巴是翻译过来的名字。"黑"，不是说它身子是黑的。它张开大嘴发起攻击时，口腔是乌黑的，像个黑洞，毒牙有几厘米长，特别可怕。

我刚才就在这个孩子撞来的瞬间，看到了那张黑洞般的嘴正对着镜头！在所有的毒蛇中，只有它的口腔是黑的，正是这个特点，我才记住了它。

我抱起了那个黑孩子，在他鬈曲的头发上、脸蛋上热烈地亲吻着。

"谢谢！谢谢你救了我！"

孩子非常腼腆，在我怀里扭着，想要下来。

"我的天哪，肯定是闪光灯刺激了它。我们还在呆头傻脑只顾拍照、摄像哩！"

一般说来，无论是有毒蛇或无毒蛇，不会主动攻击人，

可怕的剧毒蛇黑曼巴，混淆在树枝中狩猎

但它在狩猎时受到打扰、破坏，就会发怒、反击的！

孩子突然不再挣脱我的搂抱，胖胖的小手停留在我的左前胸，正拿着别在口袋上方的纪念章。

我猛然醒悟——是枚大熊猫的纪念章。那还是10多年前，中国野生动物保护协会成立时，送给每个理事的纪念品。

纪念章小巧玲珑，大熊猫的形象生动、可爱。

我连忙将它取下，别到孩子印有鸵鸟的T恤衫上。

黑孩子咧开嘴笑了，雪白的牙齿闪亮。他欣喜地捧起徽章，甜甜地吻了三下。

“CHINA。”

我很感动，这位生活在远隔万里之遥、南半球的黑孩子，知道我的祖国——大熊猫架起了友谊的桥梁，拉近了距离。是的，中国何尝只有大熊猫，还有美丽无比的小熊猫、神兽麋鹿、彩色面孔的金丝猴、乌金般的黑麂、黄腹角雉、梢尾虹雉……这个孩子使我更加体味到文化所包含的内容。保护野生动植物，其实是在保留和传承一个民族的文化！

孩子突然跑起来，唱着跳起来了！那些舞蹈的语言充满稚气的刚劲，柔韧的肢体，显然是在表现着鸵鸟的奔跑、观望、扇翅……热烈、欢快！特别是模仿鸵鸟奔驰，真是惟妙惟肖到极点。他们生来似乎就是舞蹈家、音乐家、运动员。

啊！难怪刚看到他时有些面熟的感觉。

“哎，哎，是他！”李老师说。

对了！几天前，我们曾去一处祖鲁人居留地参观。

门口有位中年的黑人妇女拿着彩笔给游客们画脸，画得很是别致！色彩并不多，只有红、黄、蓝、白，但只在脸颊或额头寥寥数笔，人的面孔立即有了惊人的变化，或喜，或怒……不，是充满了神秘。

对着镜子看自己的形象，李老师说那位画脸的是巫师。心想，真让她说着了。

两年后，我们在川西北考察金丝猴，它们五彩斑斓的面孔，立即使我们俩相视会心一笑！同是灵长类动物，上苍为何要给金丝猴彩色面孔，而只给人类或黄或黑，或白或棕呢？

酋长大厅中的表演开始了，鼓声激越，一队队的武士们手执长矛、标枪、抛石器出来了……最为动人的是一群孩子表演的鸵鸟舞。

我们才到非洲只有几天，还未能在野外欣赏到他们的舞蹈，但我在东北齐齐哈尔的扎龙，看过丹顶鹤的鹤舞；在青海可鲁克湖，看到过黑颈鹤的圆舞。

其实即使你是个舞盲，这群黑孩子矫健、奔放的肢体，也能感染着你。瞧，舞蹈散发出的魅力将很多游客吸引到大厅中央，学着孩子的动作跳起来，舞起来了。

其中有个孩子跳得尤其投入、狂热，那举手投足中透

跳街舞的孩子

着灵动，眼睛中的眼白特别亮，鬈发像是紧紧缠在一起的小辫子。

是的，真的是他，就是那个可爱的孩子。

他一边跳着，时不时还在我们脸上瞄上一眼，似是在询问我的记忆。

我明白，也张起手臂，学着他的样子，按照鸵鸟奔跑中特有的韵律跳起来，舞起来了。

“OK！ OK！”

孩子高兴得大声叫好，跑到我们面前，伸出三个手指向远处指着、点着——那意思是说三天前，在那边，我们就见过面了。

作者和黑人孩子们在一起

“OK！ OK！”我也乐得直点头，喊了起来。

孩子一下跑到面前将我抱住，李老师也将他搂住，三人乐得扎成一堆。

我们虽然语言不通，但心灵相通啊！

在准备这次南非之行时，李老师一听有那么多的语言（南非的方言）就发晕，我说，全当做一次聋子、哑巴。从另一个角度寻找人类之间互相交流的方式，不是也挺有意思的吗？譬如说，舞蹈就是不发声的语言。

是的，我们就是通过手势、表情大致知道：他叫曼哈拉，他的家就在这里，爸爸妈妈都在公园工作。那天是去看望外婆，被临时邀请登台表演，因为他是学校里合唱队、舞蹈队的队员。

今天，他正在那边玩，认出了我们——戴着大熊猫的徽章，还背了照相机、摄像机——才跟着走到了这边。

我打开了地图，指着我们的祖国。他很惊奇，说着一些话，还将南非和中国连成了一条线。

李老师像和孙子玩时一样，模仿着老虎、狮子的形态。

他似乎明白了，我们是来参观这里的野生动物……

曼哈拉突然示意我们看树上。

黄昏中的树冠更显昏暗。但我们还是找到了大蛇，以它潜伏、潜行状态推测，它已锁定了目标。是的，有两只织布鸟正忘情地唱着，在树枝上跳着。大蛇慢慢地靠近，突然，蛇头闪电一击，枝头只飞起一只鸟。

我正想离开时，曼哈拉却攥着手不放。

天色愈来愈暗。

那蛇缓缓地往枝头移动。它抬起了头，张开嘴将上方挂下的织布鸟巢——倒挂的葫芦形、朝下的巢口含到嘴里，然后就摇摆着头……

“是将雏鸟晃下来？要不就是吃鸟蛋？”

我想起一种皖南山民叫白猬的小动物。皖南山区中多牛蜂、驴蜂，黑色的，个体大，毒性大，传说九只驴蜂能叮死一头牛。常有山民受害。它的巢特别大，像是稻箩挂在树枝上。巢上只有出口和入口。尽管它很可怕，但却是白猬的美食。我在考察队中，曾在一个月色如水的夜晚，亲眼看到它爬到蜂巢上，前肢、后肢轮换着拍打蜂巢，疯狂地拍打，就像是在敲鼓。

蜂巢中响起沉闷的嗡嗡声，可就是看不到一只蜂子飞出来。

正当我们疑疑惑惑时，那小家伙的肚子却像吹气球般鼓起来了！

这个家伙，肯定是张口堵在出口处——请君入瓮！

难道这位冷血动物也具有白猬一样的智慧？

我和李老师在回来的一路上讨论着动物生存的技巧和生命的智慧。生存毕竟是生命的首要。

最高兴的是第一天就结识了小朋友曼哈拉，谁说是异国他乡，举目无亲哩？我们虽然还不清楚，他将带给我们多少的欢乐，但肯定会是精彩的友谊。

追寻麒麟

公园的早晨，弥漫着淡淡的轻雾，太阳从树丛中升起时，如水灵、胭脂一般。

白头雕展开巨大的翅膀，翱翔在蓝天白云间。一种黑背红腹的鸟，站在枝头鸣唱，嘹亮，婉转，音节多变。

公园的旅游车上挤满了从世界各地来的游客，8 点准时启动了。导游说的是英语，不懂，只能大概揣摩出他在说些什么。依仗着多年在野外的经验，我们自有想法。

但一天下来，却很扫兴。

狮子、斑马、犀牛、大象、长颈鹿都看到了，但对我们来说，从某种意义上是什么也没看到。

显然，旅游车是按公园中野生动物相对集中或生活习性作了区划，走着规定的路线。

譬如，我们看到的狮子多是卧在草丛中，一副懒洋洋的状态，有的甚至连到来的旅游车看也不看一眼。

大象更是冷漠，板着呆滞的面孔。

鳄鱼们躺在河边，枯木似的晒着太阳。

就连最为活泼的羚羊，也只是头也不抬地吃草。

旅游车的窗子不能开。

斑马跑起来了，黑白花纹刚有了景色时，河马吼叫着相扑时，你正想看到它们真实的生活时，车子已经开动，怎么喊也不会停下，因为有着严格的时间表。

一整天就像是坐在电影院里。

我们万里迢迢跑来，不是为了这种浮光掠影、走马观花……

明天大概仍然如此。

我很郁闷，只顾喝着茶，一杯又一杯。李老师一个劲地劝说："高兴也是一天，烦闷也是一天。何必呢？想想法子吧，相信你的主意多。"

我何尝没有想过？可这是异国他乡，又是有几千上万只肉食动物的地方。其实，在国内野外考察时，我并不畏惧大型肉食动物，主要原因是已经很少。即使碰到黑熊、扭角羚、豹子这些家伙，在森林中也有足够的和它们周旋的空间。最怕的是那些小家伙，草虱子、毒蜂、蝎子、旱蚂蟥，不知什么时候得罪了它们，不声不响地给你一口，就够你受的。对，还有蛇，一想起来就有种湿漉漉的感觉。昨天的黑曼巴警示，这里有多种巨毒蛇。当然，在 20000 多平方千米的地方，总是有机可乘的。然而，李老师胆小，更重要的是安全，毕竟我们都是 60 岁开外的人……

“哈啰！”

嘿！小曼哈拉来了！换了一件红色的T恤，大熊猫的徽章更显眼，他真是个欢乐的种子。看着他健美的身材和鲜花般的笑脸，李老师满腹的愁闷顷刻间烟消云散。

他带来一支鸵鸟的羽毛，黑白相间，很美。一会儿将它插在头上，大有小王子的模样，我们明白那是作为帽饰的。中世纪的骑士们，喜欢把鸵鸟羽翎插在头盔上，以此显示英武；妇女们也酷爱用它作为帽饰，平添了几分俏丽。一会儿又学着用刀削毛管，做写字状，我们明白可制作羽毛笔用。最后，他郑重地将这支鸵鸟毛送到李老师面前。

她未反应过来。

急得小曼哈拉脸都红了，又做了鸵鸟奔跑状，然后掏出裤子口袋中的一张纸，让它随意地掉了下来——明白了，这羽毛是鸵鸟自然脱落的，不是去硬拔的。

李老师高高兴兴地接收了礼物，小曼哈拉高兴得“腾”地跃起，翻了个漂亮的空心跟头！

我们热烈鼓掌。

他告诉我，这枚大熊猫的纪念章，引起了他的朋友们的轰动，让他收获了钦羡的目光。他还答应在他们的生日那天借给他们佩戴一天。

我突然想起包中还有一本书，写的是在大熊猫故乡探险的故事，原是带给朋友的，何不送给曼哈拉！

小熊猫

他接到书就看起来了，当然是看书中的照片——大熊猫在森林中的日常生活。当看到大熊猫低头翻跟头的那张时，他乐不可支，连连翻了几个空心跟头。

这孩子肢体是那样柔韧，玩得得心应手。引得我童心大发，跳到床上，翻了个跟头又来了一个后滚翻——老胳膊老腿的差点歪到地下，引得他笑眯了眼。

我又费了九牛二虎之力，反反复复做着动作，以告诉他大熊猫天生喜欢一切圆的东西，木桶、球、脸盆等，还是个翻跟头的好手，前滚翻、后滚翻、侧翻……

他在书中看到了黑熊在树上筑的巢，还有扭角羚、小熊猫……当看到金钱豹时，马上将两手小指勾起左右嘴角，拉大，又用大拇指将下眼睑往下一拉，“哇”的一声学豹子状。又指了指公园的方向，是说这里也有。我很惊讶，这个动作和儿时学虎吓弟弟是那样相似啊！

突然，他将两臂高举，手指交叉，竖起两个拇指，弯腰，尽量将前身上仰，把脖子伸得长长的——长颈鹿！整个形态太相似了，尤其是头上的两支短角。最难为他的是长颈鹿的前腿长，肩胛高！

模仿长颈鹿动作的另一层意思是问我们那里有没有？

这个形象在我脑子里闪起了火花。是的，今天下午，我看到了两只长颈鹿，尽管只是背影，但臀部的斑纹组成的奇妙图案，特别是那并排的长颈，似乎蕴藏着难言的韵味……

长颈鹿和中国的神兽麒麟有着深厚的渊源。“麒麟送子”几乎是家喻户晓的故事。龙、凤凰、麒麟在悠久的中华民族文化中具有特殊的象征意义。

这三者都是先民们创造出来的神物形象，并非是生活在地球上的生物。

龙的形象较为复杂，还有着恶龙的传说；麒麟、凤凰纯为神兽、神鸟，象征着祥瑞。“麒麟送子”尤蕴涵着丰富的生命意义。

小熊猫：浣熊科小熊猫属的唯一种。分布于印度、尼泊尔、不丹和缅甸北部。在中国分布于西藏、云南和四川。
体长 40-60 厘米，体重约 6 千克，全身红褐色，四肢棕黑色，体毛长而蓬松；脸圆，脸上有白斑，眼鲜艳，尾粗，长超过体长之半，有 9 个棕黑与棕黄色相间的环纹，很显著。因此，在中国四川省，小熊猫又被称九节狼。
生活于 2000-3000 米的高山林区或竹林内，栖居在树洞或石洞中，常在树枝上攀爬；凌晨和黄昏出洞觅食，杂食性。

但先民们的创造，其原型是谁呢？就说麒麟吧，它的原型是谁？据说和长颈鹿接近，当然也有麋鹿、犀牛之说。

据历史记载，公元1414年，明朝郑和的下属杨敏就带回一只长颈鹿，轰动了朝野，认定它就是麒麟。麒麟的出现，被视为上天降给大明王朝国泰民安的祥瑞。

长颈鹿是非洲动物王国第一位来到中国的使者。

一个奇妙的计划涌上了我的心间。

我比划着问：在哪里最容易看到长颈鹿？

说了半天，他终于明白了，随手从桌上拿了一张纸画起来。

看样子是这边公园的示意图。最后，他在一片树木中画了个圈，又模仿了长颈鹿的模样，还在树枝上画了刺……

我连连点头。

他说明天可以领我们去。

我连忙说，明天去看河马，不想去看长颈鹿。

李老师拿出从国内带来的小零食招待他。在野外，食品和水必须带足。他对花生米、杏仁一般，但非常喜欢怪味豆、杏干。就像昨晚我们留他吃晚饭——因住处有炊具，我们还是喜欢从超市中买些食品自己做，这孩子就特别喜欢榨菜。榨菜是我们远行中必带的，它有开胃的作用，甚至可以治疗较轻的水土不服。曾有位去南极考察的朋友对我说，在过大西洋西风带惊涛骇浪的颠簸时，很多人都是吐得翻江倒海，他就是靠榨菜渡过难关的。

曼哈拉走了。

我尽量用漫不经心的口气说：“下午看那两只长颈鹿好像有故事，明天去看长颈鹿吧，路程不远。”

“不坐旅游车了？”

“你还愿意坐？”

她没有回答，过了一会才说：“有什么妙招？说来听听。”

我当然知道她的策略：“在这里还能有什么高招？随便走走看看嘛！哪怕就是看蚂蚁打架，也比坐车子干着急还惹气要强！”

“别骗我了。你越是装得平平常常，越是有鬼主意。瞒得了初一，还瞒得了十五？这里狮子就有上千只！”

“动物的第一本能是安全，丢了命啥事也白搭。我的命就那样不值钱？沿着隔离的栅栏走嘛，狮子有本事翻过来？你要是累了、怕了，明天让曼哈拉领你在附近走走，我先去探路，中午再接你。”

“别来这套激将法，想甩了我？没门！我提醒你，我有否决权。”

“当然，绝不赖账。”

心里正偷着乐哩！老夫老妻之间的智力游戏，也能妙趣横生嘛！人啊，应该多找乐子，越是愁闷的时候，越是要找乐子!

早晨时告诉导游，我们累了，想休息一天，不再跟车了。

轻装，但背包中带足了干粮、水，兴高采烈地出发了。当然，我尽量注意隐蔽性，最好别让公园的保安起疑心。

出了隔离区，心理上得到了解放。辽阔的原野，清新的空气，微风时时吹来花的幽香和草的清凉。

先还是沿着栅栏的外侧信步前行吧。没有刻意找路，似乎也没有可称为“路”的，荒野中，路就在自己的脚下。

左前方的草丛有些异样，约百米开外有片深草丛，枯黄、碧绿斑杂，好像是高挺、细长的动物。

“它在向我们这边张望！”

“走，去看看，肯定不是大型野兽。”

鸵鸟政策是计谋

依多年野外考察的经验，我们已在鞋子、裤脚上都洒了风油精，擦了万金油，以防备昆虫，特别是听说这里还有毒蜘蛛。大胆放心地走了一段路后，那片草丛这里、那里都翻起了波动，幅度还挺大的，只是草太深，还无法辨认是谁。

“是在打架？这种生境，也是狮子活动的地方。”

“不可能。狮子体型大，动作起来，不会是这种小波

鸵鸟

小浪的。”

“还是小心点为好。”

“我好像已估计出它是谁了。”

“说说看，是谁？”

“说不定，难得一见哩！要不，你先在这里寻找。”

我快速悄悄往那边去。好运气，有条干涸的水沟。李老师也跟上来了。

踢踏声，嘎嘎声，错综杂乱。

看到了，我们相视而笑——

鸵鸟！

它那淡淡的肉红色的脖子，足有1米多高，一根毛也

鸵鸟政策： 当鸵鸟遇到猎人追捕或者危险临头时，就会伸长脖子，紧贴地面而卧，甚至将头钻在沙中，身体蜷曲一团，以其暗褐色羽毛伪装成灌木丛或岩石等。

人们把鸵鸟遇到敌情时，把头钻在沙中的行为形容为“鸵鸟政策”，用以讥讽那些在危险面前不愿正视与面对危险的人。

其实，鸵鸟的这种行为是为了不让对手发现，是自我隐藏的方法。人们已经知道，鸵鸟遇到危险时只顾把头埋入沙堆中的说法是不真实的。

不长，头不大，难怪可以混淆在深草丛中。正是这一特征，让我估摸出是它。

鸵鸟是现今生活在世界上的最大鸟类，身高有 2 米多，脖子几乎占了一半，体重能达到 140-150 千克。

“它们是在嬉戏还是争偶？”

“羽毛黑色的是男生，短短的翅翼，尾羽雪白。褐色的是女生。”

两个男生正打得不可开交，一会儿用嘴啄击对手，一会儿用翅膀砍杀，一会儿用脚蹬踢……只见黑白两色翻飞，令人眼花缭乱。

“嘿嘿，它的嘴扁扁平平的。鸟类中就它特殊了！”

“忘了？鹅、鸭子也属鸟类。”

“嘻嘻！像不像小曼哈拉？”

当然。你看那两个小男生，一个跑，一个追，眼看打不过了。竟一下跑到妈妈身边，将头插到短短的翅膀中藏起来了。

“嗨！这就是鸵鸟政策，顾头不顾腚！”

那个小男生还会放过这样的好机会？追过去用嘴就啄露出的光腚！

只听“砰”的一声闷响，追来男生的脖子就甩向了一边——

哈哈！原来是顾头不顾腚的家伙来了个闪电般的后蹬，

正中伸来的扁嘴，幸而它还躲闪及时，脑袋让开了，只是脖子遭了殃。不然，要不脑震荡才怪哩！

“嘿嘿！鸵鸟政策也是种计谋啊！何尝不是迷惑对手、伺机反扑？词汇上解释得不全面。”

我也突然明白了曼哈拉的舞蹈中的蹬踢动作，原以为只是为了增加动作的多姿，没想到也是源于生活。

那个受创的倒霉蛋不依不饶，又追了过来。藏头的小男生却一下转到了那边，以妈妈的身子做屏障。

鸵鸟妈妈转着身子护一个，挡一个，眉眼之间溢满了慈祥，伸出嘴去，在它身上摩挲，像是挠痒痒一样……

“好长、好黑的睫毛啊！大眼睛配上长睫毛——鸵鸟妈妈和其他女生们都长着长睫毛！真迷人，妩媚。难怪现在的女孩子那么痴情栽睫毛哩，像是弥漫起薄雾，平添了楚楚动人……”

李老师这样大谈美学，让我感到惊奇。这就是野生动物世界的美！这就是探险生活的魅力！

其实，我们不止一次在动物园里看过鸵鸟，但绝没有看到过生活在它们自己家园中的鸵鸟，审美当然就不在一个层次上！

那边几只男子汉们，正围着一只睫毛特长的亮翅，跳着小快步，上下左右舞动长脖子，极尽所能地施展着才能，像是在争宠。那位受到青睐的鸵鸟女士，只是闪动着迷人的眼睛左顾右盼。

其他的女士们或自顾吃草，或梳理羽毛，或抚慰孩子……

“看，好粗的腿！只有两个脚趾！”

鸸鹋长着三个趾，这是非洲鸵鸟和澳洲鸵鸟的重要区别。

“澳洲鸵鸟叫鸸鹋，体型比非洲鸵鸟要小，体重只有40-50千克，是澳大利亚的国鸟。那年我在澳大利亚森林中的草地上见过，是世界上第二大鸟。生活习性差别不大，都是以草、叶子、虫为主要食物。美洲还有鹤驼，比鸸鹋更小。”

“就这三大洲有鸵鸟？”

“在我国的北方，曾经发现过鸵鸟的化石，它是最古老的鸟类之一。我国现在体型较大的鸟，应算是大鸨、松鸡、马鸡……”

突然，真是太突然了——

轰轰的惊叫声，鸵鸟们骤然跑起，妈妈们迅速收拢了孩子。鸵鸟们的翅膀都退化得很短，失去了飞翔的能力，但还是张开助跑。

鸵鸟的跑动自有一种韵律，就像田径场上的运动员，能够把握奔跑的节奏，才能发挥出最快的速度，特别是长跑运动员。

我迅速扫视了一遍战场，不是狮子、狼、鬣狗，是三四个黄色的小动物，蹿出了草丛，向鸵鸟发起闪电般的攻击。

鸵鸟们炸群一般，四散奔去。

看样子，黄色的小兽原先是想利用猎物“灯下黑”偷袭——长脖子有利于瞭望远方但不利于观察近身处，没想到还是被发现了。已失去了偷袭的隐蔽性，但它们还是利用修长的身材，灵巧而快速地展开追击。

“乖乖，鸵鸟一步总有五六米哩！竞走冠军谁也抢不去。”

大地似乎都在颤动，鸵鸟们快速的奔跑，迈动的长腿组成了奇特的图案，确有羚羊群飞驰的气势。

鸵鸟一分散，黄色小兽很快失去了锁定的目标。

有只小兽不甘心，竟然高高跃起，企图抓住猎物。可等到它落下时，鸵鸟只是一个大步，就将敌人甩在了后面。

失去偷袭的先机，速度体型的悬殊，已使这场较量毫无悬念。

鸵鸟们犹如羚羊般跑走了，消失在原野的草丛中。

黄色的小兽悻悻站立，有一只还用右前爪抹了抹嘴，安慰一下馋涎。

“认出它们了？”

“好像应该是鼬科的，身材修长，嘴吻有点黑。看得不是太清楚。”

“跟黄鼠狼是一家？它有这样大的胃口？一只鸵鸟 100

黄鼠狼

多千克重哩！”

“鼬类动物有极强的生存能力，生存的必要是猎食。黄鼠狼偷鸡，是一口就咬住鸡脖子，让它一声都叫不出来。对付老鼠更不在话下，它也会钻洞，瓮中捉鳖。对了，我们从前在黄山考察时，挖过一个黄鼠狼的洞，洞里有很多鱼刺、鱼骨，看样子它还是个捕鱼能手，会游泳……”

“我是说这个家伙，你确定是黄鼠狼？”

“确定不了，但那个家伙跃起去攻击鸵鸟，像是鼬类

黄鼠狼：也称黄鼬。食肉目，鼬科。
体长约30–40厘米，尾长约15–20厘米。
体型细长，四肢短。
背面赤褐色，口和颐白色，胸腹淡黄褐色。
栖息林中水边、田间以及多石的平原等处。主要在夜间活动。
以啮齿类、小鸟及昆虫为食，也袭击家禽。
肛旁有臭腺一对，能放出臭气御敌。
分布于亚洲、欧洲、北美洲温带与寒带；中国各地均有分布。

动物的绝招。”

“怎么绝招法？”

“对付大家伙，它们的战法就巧妙极了，很像寓言故事中的蚊子和狮子干架。”

“它不是蚊子！”

“我们黄山地区生活着一种叫蜜狗的小兽，和黑熊一样，特别喜欢吃蜜。不过比黑熊聪明得多，学名叫青鼬，和黄鼠狼是一个家族的。猎人都说它敢和老虎、豹子干仗。打起来时，它能利用自己的灵巧，一下跳到对手的背上，张口就用锐利的牙齿咬住老虎、豹子，对手疼得狂跳，却又无法还击，只得狂奔。

“蜜狗早将利爪刺进对手的皮肉，这时倒像个娴熟的骑士，任你怎么狂奔乱跳，只管在背上啃咬、打洞、吃肉、喝血，直到猎物轰然倒地。”

“天哪！上苍是公平的，真的，对每种生命都赋予了生存的本领。”

“它就没有敌手？打遍天下无敌手，雄霸一方？”

“当然不是。它怕狗，狗一来常常不是一只，特别是猎人带的狗。虽然它有在危急时能从肛门附近喷出臭液——‘毒气弹’的本领，但猎人会使狗们围上去，说到底，人是最可怕的。”

“别尽说国内的，这里是南非。”

“鼬类动物生存能力很强，相信这里会有它们的同类。”

说着话儿，我们不知不觉已走到一个小丘上。

长长的颈子，薄薄的嘴唇

下面是一片森林。旱季，只有常绿阔叶树上一片碧绿，但树种多是我不认识的，何况还有一段距离。

从地形特征看，这里倒是有些像曼哈拉说的长颈鹿出没的地方。何况我们也渴了，喝点水，休息休息也有必要。

还未喝两口水，下面的树冠上晃动起来。

一对黑黑的短角的头，棕黄网状斑纹的朋友出来了！

“长颈鹿！”

“还能是谁？”

它伸出了长舌，只那么轻轻地一卷，一束树叶已经到了嘴中。它挫动着下颚，咀嚼起来。

虽然是从上俯瞰下方森林，但目测树高大致有四五米。它的脖子还有一截露在树冠上，那它的身高也应不少于四五米。

是的，它是陆地上最高的动物。

“树枝上有刺。看清了没有？长着刺哩！”

从树叶的形状看，似是刺槐一类。这种刺粗大，有毒，但它根本不怕。

“它的舌头真长！总有三四十厘米长。奇了，是雪青色，多鲜艳。看出来了吗？”

怎么可能没看到哩！她是为了印证自己的发现。

只见长舌一卷，雪青色的光芒一闪，它已卷去了树叶，刺还在树上。

它使我想起了食蚁兽和蟾蜍的舌头，它们都有长长的黏性的舌头。据说食蚁兽可以将长舌伸进蚁穴，粘出满舌的蚂蚁，但我没见过。

蟾蜍吃苍蝇却是不止一次看到。和鳄鱼一样，它是位极具耐心的狩猎者，长时间伏趴着一动不动。但只要猎物一出现，它一张口，舌头一伸一缩，面前的苍蝇就没有了。那速度闪电一般，击中目标是不容置疑的，但实在无法看清它那舌头是怎样动作的——是粘住猎物还是用舌尖击中猎物呢？

不理你

它常在苍蝇云集

会说话的脖子在诉说着什么

的地方设伏，一口气能吃掉几十只苍蝇，连在它面前翩翩起舞的蝴蝶也没有放过。

总之，它的舌头很长，如线；舌尖大，犹如百发百中的飞镖。对！确实是飞镖。

“那样长的刺！它的舌头是钢铁的还是戴了舌套？”

从那舌头的颜色看，也不像是黑熊锉刀般的舌头。

我无法回答，确实没有看清，但它确有我们所不知的特异功能。谁叫今天运气好，刚巧在它的上方。若是在平地，仰头看四五米高的它怎样进食，岂不是太难为人了？

我决心要将它看清，于是不断调换方向。

它那样大口大口地吃着刺槐的叶子，使我突然明白了曼哈拉昨晚画示意图时的动作。长颈鹿最喜欢吃刺槐叶子，这里有一片刺槐林。

林中有了异样，是它的朋友还是敌人？长颈鹿只顾迈步。

林隙间出现了黑的、白的斑纹——

斑马？是斑马！三四只哩，正游荡到这里吃草。

棕色的光斑亮起来了。

林间焕发出奇异的色彩，黑的、白的、黄的、红的相互交映，厚实的色彩犹如油画。

彩色的森林，我从未见过这样浓彩盛妆的林间……

只见树冠一动，嗨，又一只长颈鹿——棕色网斑伸出来了，个头比原先的高了一截。

李老师乐了："是来找它玩？"

大个子紧紧往原先的同伴身边靠，小个子的脸上却毫无表情。

怎么还不理我

长颈鹿都是这样深沉？两个脸上怎么都这样毫无表情？板着面孔，冷若冰霜，麻木不仁——连肌肉也不动一下。

小个子让开了，大个子的长颈鹿又靠过去。在对方的脖子上碰碰，似是搭讪、打招呼。嗨，它是用脖子来说话吗？

小个子的长颈鹿又让开了。

这玩的是哪种戏剧，双簧？

“它们身上深棕色的斑块，色彩明丽，好像都差不多嘛！”

我明白她的意思，多年野外考察的经验教给我们，首先是认清这些山野朋友，只有找出它们的各自特点，才能进行有效的观察，不至于混淆不清。

“看到斑纹的特点了吗？是不是有些圆？还有些像椭圆？”

“好像是，也不完全是。你看，有的还像梯形哩，不是那样规则。”

非洲的长颈鹿有好几个亚种：譬如西非长颈鹿斑块的颜色偏淡；安哥拉长颈鹿的斑块大，边上有缺口；努比亚长颈鹿的斑块像四方形；马赛长颈鹿的斑块像葡萄叶子；还有的长颈鹿的斑块颜色是栗壳色的……动物学家正是将斑块的颜色、形状作为分类的特征之一。

“看清了，大个子长颈鹿下部有个斑块特别大，有些圆，就叫它‘大斑’吧！小个子的那里斑块小多了，就叫它‘小斑’吧！”

说话间，“大斑”趁“小斑”又用长舌采叶时，迅速将脖子靠了过去。“小斑”一愣，瞬间短暂停顿了一下。

哈哈！看得有些清楚了：它的嘴唇灵巧地一动，避开了槐刺，长舌闪电般一卷，卷走了树叶。

妙在它的嘴唇薄薄的，非常敏感，就像装有灵敏度极高的电子感应器！

没想到薄嘴唇有如此的妙用啊！

金丝猴以厚嘴唇著称，特别是滇金丝猴，猩红的厚厚的嘴唇，显得无比憨厚、可爱，按西方的说法，充满了性感。

上苍赐给长颈鹿薄薄的、灵巧的嘴唇，仅仅是它的生存之道？

在人类的印象中，灵巧的舌头、薄薄的嘴唇是能说会道的象征，也是一种生存之道。当然，“长舌妇”是另一种意思。

可是，长颈鹿很少发声，有人说它是动物界著名的哑巴。

上苍究竟是公平还是不公平？

正是千变万化的生命形态，造就了万千气象的世界啊！

长颈鹿原来也就是生活在林间、草地的鹿科动物，和牛、羊等一切草食动物争夺着食物，为了能吃到更多的食物，为了种群的兴旺发展，有种鹿就尽量伸长脖子去采集树冠上的叶子。森林中的植物群落有着分明的层次：草本植物—小灌木—小乔木—大乔木。经过千万年的进化，才使它的脖子愈来愈长，终于成了今天的模样。

大约是“小斑”不胜“大斑”的干扰，将头缩回树冠，走了。

“大斑”跟着走了。

树冠上又重归鸟类世界，它们在树冠上鸣唱、捉虫，寻找果实……

“小斑”走过其他斑马的身边，沿着林间的兽道向深处走去。当它们只留下臀部浅棕色的图案时，我相信它们就是我昨天看到的，触动心灵的那两只长颈鹿。

从刚才的情景看，它们确实有故事：一个是男生，一个是女生。

故事有魅力。

在进化长长的颈子时，长颈鹿同时也进化了眼睛，如用“铜铃”来形容，一点儿也不过分，长长的颈子赋予了长颈鹿无须登高就能望远的优势。在草原，它可以一目了然，避开强敌，寻找食物。

我们庆幸它进化成了长颈子，要不然行动受到栅栏限制的我们，怎么能够跟踪？

“大斑”依然穷追不舍，步伐优雅，紧紧跟随，有机会就将脖子突出去触“小斑”的脖子。可对方的脖子很灵巧，总是能及时闪开。

“小斑”时不时改变方向，停下来吃几口树叶。待到“大斑”来时，似乎很礼貌，待一会儿才离开，不急不躁。

一片树冠摇晃了起来，就像绿海中翻起浪花。范围不小哩！

“是风？”

只有那一片，周围风平浪静。

又摇晃了，很有节奏。

森林中能窜起旋风？

不可能！旋风应该卷起断枝残叶。

猴群玩耍？没有看到那些调皮捣蛋的家伙。更不可能群猴共同抱起大树摇动，树的摆动具有一致性。

“砍树？”

在保护区内更没有这种可能。

又是哪位朋友造出如此大的声势？

长颈鹿毫无反应，只是自顾用灵巧的长舌卷起树叶进餐，吃得津津有味。

我们快步转移，往更接近的方向走去。

长鼻子蹭痒

已近中午了，旱季的太阳还是灼人的。丘陵地带的路修得上上下下。刚转过一个弯，视野竟然宽阔了起来。

这儿像是魔术师的万花筒，惊喜不断。

“我以为发生了什么事哩！原来是大象在蹭痒！蹭个痒也山摇地动？真是不费吹灰之力。”

一只大象将左边身子在大树上蹭，不紧不慢，很随意，

非洲象

大树也就摇摆了起来。蹭来蹭去，不就有了节律？

我们怎么就没想到是它？

旁边还有四五只象哩！

斑马、羚羊都在附近。

干吗？是开联欢会还是自然的邻居？邻居的集合是不需要理由的，因为家园是共同拥有的。

这才是自然的风景。

我们就为这自然风景，不远万里而来的！

“好大的耳朵！比蒲扇还要大！”

别再说它象牙大了！非洲象是亚洲象的放大，体重、耳朵、鼻子、象牙……你只要按两倍多点放大，肯定没错。

其实，对大象我们并不陌生。还是20世纪末，我们曾在云南野象谷追踪过野象。一想起那次因胆大妄为引起了野象发怒，至今还心有余悸！

我还在泰国的清迈参观过大象学校。

不管怎么说，这里的象牙真漂亮，“象牙色”这个词肯定是与非洲象的象牙有关。象牙长得向上弯着，那弧形的线条是画家常用的，不像亚洲象……

“我们看到的亚洲象，似乎有点不太正常。你没听说为了象牙的高额利润，大象曾遭到残酷的猎杀？那群野象就是游走在我国和邻国的山谷中。你仔细看看，我总感到这群象有些异样……”

“没有看出来。你看，除了蹭痒的，一个个都是抬头挺胸，不可一世地走着，铁板着脸，装深沉——对了，和长颈鹿的脸一样毫无表情。”

大象确实就是这样子，亚洲象走起路来微微低着头，像得了忧郁症，成天闷闷不乐。眼前的大象虽然骄傲得像只大公鸡，昂首阔步，但不是陷入沉思就是阴着个脸，既像哲学家，又像阴谋家。

但正因这样，我感到象群有些异样。

“你看，那几头象不吃不喝，只是迈步走着，围着圈子，干吗？走圆舞曲？不像，似乎是烦躁不安。你眼尖，看看四周有没有它的敌人？”

非洲象： 长鼻目象科非洲象属唯一种。广泛分布于非洲大陆。象肩高约2米，体重3-7吨。头大，耳大如扇。四肢粗大如圆柱。有柔韧而肌肉发达的长鼻，鼻长几乎与体长相等，呈圆筒状，伸屈自如，是象自卫和取食的有力工具。
栖息于多种生境，尤喜丛林、草原和河谷地带。群居，雄兽偶有独栖。以植物为食，食量极大。

说着就把望远镜递给了她。我已经搜索了两遍。

“没发现狮子。”

停了会儿又说：“你看，斑马、长颈鹿、羚羊都在吃草，要是有凶猛的杀手来了，会毫无反应？你看，那边，靠那个土丘子那边……”

我接过望远镜。土丘那边确有动静，两只黑的褐黄色的家伙伸头缩脑地窥视着这边。虽然距离较远，但它们丑陋的嘴脸还是好认的。

“鬣狗！敢从狮子嘴边抢食的家伙！”

“斑马、羚羊、长颈鹿都没跑。”

“野生动物的世界不是想象的那样。忘了？那次在新疆卡拉麦里山，狼就在原羚、鹅喉羚中间走动，它们也没跑。再凶猛的野兽也不是每击必得，有百分之五十的成功率就很不错了，要不然草食动物早被吃光了。就说这克鲁格公园里，狮子就有1000多只，还能有羚羊、斑马存在？大象还怕它？只要挺出象牙，那还不是轻轻松松就将它们挑起来了？”

“你看见过大象用象牙做武器？”

“那它长那样又尖、又长、又大的象牙干吗！”

“动物学家也为这事伤脑筋哩！有种说法，在旱季食物、饮水匮乏时，为了挑开树皮，吃树皮。我到城里上初中才第一次从书上看到大象，象牙给我的第一印象就是它的武器，这种观念在脑子里待得很久，直到……”

大象换班了。旁边的一头大象来蹭痒了，只不过是换了一面。胸径足有七八十厘米粗的大树摇摆起来，幅度好像也大了。

“小斑”还是礼貌地躲闪着“大斑”。

“蹭痒也排队？这棵树就这么好？树皮也不特别粗糙。杀痒？难怪说大象是和平之神，谦虚谨慎，蹭痒都这样儒雅、温良恭俭？嘻嘻……”

沉默了一会儿，又想说：干吗不去泥塘打汪？

“现在是旱季，刚经过的几个水沟都干裂张嘴了。”

她的话猛然在我心里激起了火花。是的，寄生虫们喜爱大象的皮肉，它只能用粗壮的脚挠到可够着的地方。常常是寻到烂泥凼打汪，滚一身烂泥，再到太阳下一晒，硬壳掉了，或者再到水里一洗，既解痒又杀虫。这种蹭痒没有那样痛快。

为什么？是因为旱季缺水吗？

“它最厉害的武器呢？”

她又回到原来的话题，熄灭了那一闪的火花。

“鼻子，长鼻子！”

大象的长鼻子首先有采集食物的功能，它的四肢为了承受庞大的体重，已经向另一方面发展了。再者，它的长鼻子还是武器。

一想到这里，我赶快说：“你看看大象的附近有没有蛇、蝎子、毒蜘蛛……”

“真有‘人心不足蛇吞象’？”

“大象最敏感的部位是鼻端，尤其是非洲象，只要受了伤，就有丧命的危险。”

蹭痒的大象离开了树干，又一头大象来换班了。它从从容容迈着步伐向大树走去，可那形态似乎有些不一样，冲着大树直直地走去……

大象们停止了脚步，都看着正走向大树的它。

是羡慕它得到了蹭痒的机会？

换班的大象只是径直走过去，右肩抵着树干。只听咔嚓嚓声响起，接着就是轰然一响，哗啦啦声一片。

大树倒下了！

大象没有停止脚步！

“乖乖弄里冬！推土机？”她一激动，家乡的感叹词就脱口而出。

“自重六七吨的推土机！”

正在等待的大象们快步走去，拥向倒下的树冠，伸出长鼻，卷起各色的大果，快速地送到嘴里。

现在看清了：树头上结了果实，原先是被肥厚的大叶遮住了。果实很大，李老师伸手夺去了望远镜：“像柚子。大哩，有绿的、青黄色的。”

“不是柚子，树叶阔大。”

“什么果？”

“像是猴面包树哩！”

“我们在海南兴隆见过，引种来的，像，特别是叶子。能确定？”

“不能。我对南非的植物世界知道得很少。但它肯定是多汁水的，还有着储水的特殊构造。”

“对，现在是旱季，动物们都在找水。”

羚羊们近在咫尺，轻快地围拢来了，当然是想能分到一点多汁的树叶。

“嗝——！”

大象猛叫一声，犀利，穿透力很强，森林里立即安静了下来。

羚羊们一震，停住了脚步，眼巴巴地看着大象们欢快地享用。

安静只有片刻，树冠响起一阵簌簌声，四五只猴子从天而降……

秘密武器

来的猴子尾巴很长，额头上有块雪白的斑。虽然它的尾巴很长，但不是黑叶猴。我们在贵州的麻阳河考察过黑

这种猴子的尾巴特别长

叶猴，在广西崇左拜访过白头叶猴，在云南高黎贡山巧遇过灰叶猴和戴帽叶猴，它们全是我国的特产，国家一级保护动物。

猴子们飞快地去抢果实，它们身手不凡，眨眼间每个猴子都抢到一个果实在手，只是果实太大了，一手拿不住，两手捧了，行动又不便。干脆张嘴就啃，一口下去，汁水喷了一头一脸。

大象慌了，伸出长鼻子去拦，猴子放下果实，伸出又长又尖的指甲就去抓象鼻——猴头们精哩，尽找要害处。

象鼻一闪，就势拦腰卷起猴子。

猴子故伎重演，长指甲眼看就要抓到象鼻时，却“叽”的一声，手就垂了下来——象鼻收缩、勒紧，象鼻轻轻一悠，猴子被甩出了十几米开外。还算猴子机灵，在空中连翻了两个跟头，跌落到地下。

大象们打发了这群猴子，又专心专意去进大餐。

林中爆发出一片响亮的树枝断裂、破碎声。

“碗口粗的树枝都当甘蔗吃？乖乖弄里冬！”

大象们的长鼻，大概是只卷树叶，速度太慢了——僧多粥少嘛，但也不能扳下整枝往嘴里塞吧！虽然看不清藏在鼻根处的大嘴是如何翕动的，但它真像破碎机的入口，象鼻卷的是树枝的中间，到了嘴里，横枝成了“V”形，接着传出了枝干的破碎声……

我也是第一次见到如此豪放的大餐。人们常用“狼吞虎咽”来形容吃相，但若用在大象的身上，那太不达意了。

不错，第一次在野外见到大熊猫吃竹子——一手握住竹子往嘴里送，那牙就像铡刀一样“嚓、嚓、嚓”的，一会儿就吃完了一根竹子。竹节的长短几乎是相等的，这由它的粪团做了证明：竹节整齐，只是被压扁了。动物学家也正是根据粪团中竹节的长短，判别大熊猫的年龄。

但箭竹毕竟不粗，直径也不过几厘米。

我也看过亚洲象，伸出长鼻从树上扳树枝，那也只不过杯口粗细。

这要怎样一副铜嘴钢牙啊!

我突然想起，一位动物学家说过：獠牙、长牙一生不换，更不参与咀嚼。但咀嚼的臼齿，一生要换六次之多啊!

大象猛然叫了一声，惊得我一愣，李老师说了一声：“斑马！”

眼前一炫，黑的白的让人眼花——二三十匹的斑马群兴冲冲地跑来了。

忽有所悟：斑马雪白的身子上一条条黑斑线并不仅仅是体饰，它还是一种保护色，让敌人眼花缭乱，所以它们要营群成几十匹、成百成千的斑马群。在猎物的眼中，那是怎样一种景象？营群性的动物多是弱小的动物，它们也是依靠群体的力量，求得生存的机会和权利!

大象犀利的叫声，斑马们虽然也一震，但它们毕竟体大力不亏，又还集群势众。特别是在这干旱缺水的季节，水是生命的源泉，即使有危险，那也不妨试一试运气。

斑马们走向了倒下的大树，有的已尝得树叶的甜头。

大象们急了。

只见大象长鼻一甩，“嗖嗖”声响起，“嘭”的一声，那只正在吃叶的斑马惊得一跳。

是被石子砸中了!

斑马还是低头去吃树叶。

左边的那头大象，长鼻子在地下寻找，是的，地上一块小石子不见了——长鼻一甩，又一匹斑马中弹。

“它的鼻子能捡起石子？不可能吧？”

“忘了？野象谷的驯象师大刘说过，亚洲象鼻端有一个肉突，非洲象有两个肉突，既然大象已将鼻子进化成具有手的功能，两个肉突也能当手指啊！”

中弹的斑马毫不在乎这样的打击，抢食重要。

只见大象的长鼻又在地下搜寻石子，这次的时间要长些。

一阵石雨，劈头盖脸地击中了斑马。斑马们抬起了头，注视着大象。

好家伙，一阵阵石弹飞出了，好几头大象都参加了战斗，真是“箭如飞蝗”！

石子飞出，撕裂空气的“嗖嗖”声，斑马中弹的“嘭嘭”声似是号角齐鸣！

那匹斑马的眼睛处中了一弹，它“腾”地跳起，迈开四蹄，落荒而逃。

斑马们乱了阵脚，转身撒丫子跑起，留下一片耀眼的黑白光彩……

“哈哈哈！大象们还有这样的本事，简直像武侠小说中写的袖箭，不，是鼻箭！肯定是用鼻子吸起了石头。”

“当然，绝对能写本《大象传奇》！”

“常说一人一风景嘛！”

“何尝不是一物一风景！”

附近的朋友多数都出过场了，只有“大斑”“小斑”和长颈鹿们不动声色地在望尘莫及的树冠上自在地进食，对刚才身边发生的一切，只是偶尔瞥上一眼。

那个倒霉蛋的长尾猴，垂头丧气躲在树上，一动不动。我说：“大象厚道，手下留情。不，是鼻下留情。要不，它的肋骨、脊椎骨早就断了。猎人曾亲眼看到它举起鼻子砸下，只一鞭就抽断了老虎的脊梁。”

“是啊，长鼻子一收缩，还不成了橡皮棍？哎哎，它们又在玩哪出？”

一头大象用前面两脚踩着粗大的树干，看样子是在加力，它的肩头一耸。

又一头大象加入。

再来了一头大象。

实在看不出这有什么乐趣。

怎么，还有参加的？

噼啪的沉闷声爆响。

刹那间，大树裂开、破碎。

大象们迫不及待地将长鼻伸向袒胸露腹的树干。

难道这棵树也像木董棕一样？一种棕榈科的植物，树干很粗。亚洲象最喜欢将它推倒，踩碎，卷食树心。树心储满了高营养的淀粉，是滋补品西米的原料。但眼前的树心不是雪白的。

象群好像在讨论一个严肃的问题

“树干里是水！它们在吸水。”

“象鼻子的形态，不是吸水是干什么呢？你还记得在戈壁滩上，一只小鸟飞到我们车子里去抢水吗？”

“怎么会忘哩！在车窗上碰得头破血流还不罢休，都以为它发疯了。是你将车门打开，让它在驾驶台前的水杯中喝个够。怎么突然想起它？”

“水对生命太重要了！寻水的本领也是生存之道。骆驼在沙漠中能闻到几十里路之外的水汽。别急，还能看到精彩的，见见大世面。”

果然，大象们卷起破碎的树干往嘴里塞，竟然有着小小的争抢，一只大象出来用脚将树干踩成一截一截的。

“这种树是猴面包树吗？”

我早已听说生在非洲的猴面包树。它的学名不叫猴面包树。这种树结有大果，营养丰富，含多种维生素，切成片状放在炉子上烤熟，溢出喷香的面包味，猴子们特别喜欢采食。不仅果实是当地居民喜爱的食物，嫩叶也是鲜香的蔬菜，老叶晒干后还可做调料，甚至还可做药用。它最特殊的本领是贮水，木质层像海绵一样，在雨季中可以尽情吸收水分。待到旱季，又将树叶落光，减少蒸发，用所贮的水维系生命。

海南、云南的西双版纳、广西的南部——我国有限的热带地区，我都曾去过不止一次。但直到2000年，我才在海南的兴隆见到了引种的猴面包树。那是11月底，肥大的叶子，油绿的果实，很是开了眼界。当然那时候似乎应是南非的雨季，但几年后再去时却是8月，也就是现在这季节，应是旱季，猴面包树大叶组成的树冠还是碧绿如云，它并没有将树叶落完。

再者，那位向我讲解的技术员说，它的果实应是灰白色的。可兴隆挂在树上的果实是青色的，是因为地理环境变了？

我对李老师说："说不准，更不敢妄断它就是猴面包树。但它确有贮水的本领，其树干木质层疏松是肯定的，这也就够了。"

就这么一会儿，七八头大象将一棵大树的枝枝叶叶，连同树干吃得干干净净，连树渣子也没留下。

水是生命的三大要素之一，其实每个生命都是一座水库。在干旱的年份，象群会走几十千米、上百千米去寻找水源。有的还未到达水源地就渴倒在途中。

它们似乎还意犹未尽，仍然站在那里，脸上没有一丝欢乐的表情——深沉着哩！

有头大象伸出长鼻，在另一头大象的鼻子上碰了碰，被碰的这头大象迈开步走了。

接着，其他大象一头跟着一头走了，但走了的大象都用鼻子去碰碰留下的大象。

孩子和妈妈形影不离

看得我泛起一缕思绪："你知道大象怎么亲吻吗？它的嘴可藏在鼻根下啊！"

她斜了我一眼："就你聪明？"

是的，这就是大象的亲吻。我们曾在野象谷看到母象怎样用鼻子抚慰它的孩子，更看到两个长鼻子缠绵地纠结。大象还用长鼻子谈情说爱啊！

"大象太聪明了，开头你还说大象情绪有异样哩！"

"到现在还不明白大象干吗来蹭痒？"

李老师有些茫然，突然说："是为了树？两抱粗的树它一推就倒呀？这树太粗了，先把它根基晃松？……"

对大象的聪明，猎人们有着多种的传说。传说它能感应到你是好人、坏人，我们无从考证，也没有那个胆子去以身试法。但有一点是事实：保护区为了保护农民的利益，在稻田周围架设了脉冲栅栏。当决定第二天开镰时，头天晚上象群来了，将稻子吃得干干净净，脉冲栅栏被挑开了几个大口子。

不触电？

巡护员绝没有想到，它们会用绝缘的象牙挑开。

“要不然，那头大象能轻轻松松，一下就将这么粗的大树推倒？”

“你是说有象王的策划、指挥？哪个是象王？”

“还没看出来？”

“就是第一个用鼻子去亲吻的？”

“驯象师说，认象也是先认脸，每头象脸上的纹路都不一样，就如人的指纹。可我到现在也未看清它的脸纹，没看清你说的那头大象的特点。”

李老师看了好一会儿，才有了发现。

“它的左耳朵缺了一块？”

“推倒树的是它，刚才排解争抢的也是它。”

“别糊弄我，它是头母象啊！”

“非洲象是母系社会！正确的说法应是‘大象女王’！”

象群走了。羚羊们只是搞了一次精神大餐，斑马已跑得不见踪影，猴子们来无影去无踪，只剩下“大斑”和“小斑”，还有长颈鹿群。看样子，“大斑”寻求友情的追逐似乎毫无进展。

我们也该走了，从景观上看，前面有块大的空旷地，是草原还是湖泊？

不同的生境，总是有不同的动物。

在一个像是合欢树的阴凉下，李老师说：“快下午3点了，还是吃点干粮吧。”经她这么一说，还真的感到饿了。

大象学校招生

大象引发了文化层面的诸多思索。在信奉小乘佛教的泰国，大象具有崇高的地位，它是佛的坐骑，也是国王的坐骑。凡是寺庙，必有大象。以宝石、黄金装饰佛的同时，也用宝石、黄金装饰大象。大象与佛就有了很有意思的融合、交流。

大象成了吉祥、和平、纯洁的象征，终致大象文化形成产业。在泰国，随时可以看到大象形象的各种各样的工艺品、服饰。象脚鼓、象舞、驯象，尤其是大象表演，一直是人们最喜爱的节目，甚至开设了大象学校。

李老师突然问起泰国大象学校是怎样招生的。

确实，在泰国的清迈有座大象学校，在深山的一处山谷中。我曾介绍过它有着几十头大象。大象在泰国的经济发展中曾有过卓越的贡献——将珍贵的柚木运出崇山峻岭。驯象师的职业也就应运而生了。

“你以为只要贴了招生广告，大象就会走出森林参加就业培训？”

“那是童话，当然是‘霸王请’！问题是它是陆地上最大的动物，真正的百兽之王，完全有理由昂首挺胸，漠视一切，更何况它又是那样的聪明。”

“这两条优点也正是它最大的缺点。动物在生存竞争中，常常是等待对方犯错误。无论是优点或缺点，都会因此产生错误——对手的错误就是自己的机会。人类又何尝不是这样呢？”

她回头看着我，眼睛瞪得大大的，好一会儿都未回过神来：“你究竟是在说哲学还是在说童话？”

“不信？你的想法曾经就是我的想法。刚巧，清迈大象学校中有位会说汉语的驯兽师，他说了历史上曾有过的招生故事——捕象。”

“别卖关子，快说。”

我给她说了驯象师讲的故事。按多年野外考察的规矩，途中是不允许高声说话的。一是因为容易惊了动物，再是所走的路多是险峻难行之处，讲话分神，容易发生危险。好在这段路还算不难走，而且又是在公园的栅栏外。

驯象师的“招生”故事：最早，在古老的时期，采集的年代，古人还没办法编织那样大的又非常坚固的网。人多势众去围攻，危险性又太大。安全的办法是挖一个大的陷阱。有了火枪后，办法简单多了。但要得到活体，很困难。现在有了麻醉枪，文明多了。

捕捉活的大象驯养，让它帮人干活，收集、驮运砍伐的木材，是件不容易的事，让它成为坐骑就更难了。

挖陷阱是个办法，可怎样才能将它运出陷阱呢？那时没有能吊起五六吨重的起重机。

用捕兽夹？算是个主意。可大象是大力士，别说推倒一棵大树，只要它愿意，伸脚蹬一下，桶口粗的树也立马咔嚓一声倒下。有哪种坚固的捕兽夹能夹住它呢？

驯象师们苦思冥想……

陷阱加捕兽夹。好主意！

大象有自己的巡游路线，找到这样的路线不算太困难，只是太辛苦了。热带原始森林中，多的是老虎、豹子等凶猛的野兽，还有毒蛇和可怕的昆虫……

一个个小的陷阱挖好了，比大象的脚稍大一点，但都很浅，不能把大象的脚别坏了。

捕兽夹就放在陷阱上。

苦苦等了几天，象群终于来了。女王带着它的臣民们走在熟悉的象路上。

待到象群进入陷阱区，潜伏在大树上的猎人行动了，他们大声喊叫，敲锣打鼓、放鞭炮，千军万马响声震耳……

大象不是有灵敏的嗅觉吗？怎么可能没有发现潜伏的敌人？

猎人自有高招，早已用象油将全身涂满，散发出的是大象同类的气息。兵不厌诈嘛！

象群惊慌失措，各自躲逃。

好啊！终于有一头慌不择路的大象踏进了陷阱，被捕兽夹套住！

只听砰然一声，捕兽夹的铁链断了！

高傲的大象怎能容忍铁链的绊扯？大王有大王的脾气！

失败的原因在哪里？

行，你不是高傲无比吗？你不是聪明绝顶吗？满足你的自尊自信。

捕象人重整旗鼓，再次设伏。

又是轰轰烈烈的一次围猎。

太好了，一头青春焕发的大象被捕兽夹锁住了。

它哪里在乎这样的小玩意儿："这样细细的绳子还想拴住我？"

它迈开了脚步，真的，它自如地走了。昂头挺胸，自豪感油然而生。

没走多远，感到锁住脚脖的绳子有点烦——它被什么绊住了，不就是绳端有根不长的横木吗？

小意思，年轻气盛的大象只稍稍用点力，它又自由了！

对！谁敢惹我，不想好了？

它的头昂得更高，胸也更加挺起，一副轩宇昂扬的王者气度。

可它又被绊住了。那根拖在后面不长的横木总是被林间的灌丛、小树卡住！

不行！长痛不如短痛，一定要弄断它！

它使力了，可那绳子只是长了长，没断，倒是将横木拽走了。

它又大步向前走去——没关系，那家伙拴不住我。

它的骄傲的心，一直没有受到损伤。

结果几乎没有悬念：那青春年盛的大象疲惫不堪，似乎连站也站不稳了。

捕象人出来了，用锁链将它锁起。

驯象师立即上前，给它抚慰，给它吃，给它喝……别小看了这一环节，和大象相处，先是要感情投入啊！这点最最重要。

奥妙在哪里？

首先是绳端的那根横木，长短、轻重需适度。长短应以能卡在丛莽中，但又能拽出；轻重应以不易断裂，且分量又是在大象稍稍用力就能拉走的程度。

巧妙在拴绳的洞眼绝不能在横木的中间，而是要偏向这头或那头——大象能在它被丛莽中树枝卡住时，还能够解脱开，否则就成了死结。

满足大象高傲的最神奇的是那根连接捕兽夹和横木的绳子——

说到这里，我有意将话头刹住。

李老师说："别卖关子，快说下去。"

"其实，成败的关键是那根连接捕兽夹和横木的绳子。这根绳子需要充分满足大象的骄傲，让它在骄傲中一步步落入猎人的圈套。猎人挖空心思制造的这根绳子，不是纤维编的，更不是钢铁打的。考考你，你说说是什么做的？"

"嗨，卖关子？考我？"

"对呀！做做智力游戏不也很有趣？故事不是白听的。"

她停了会儿，说："我知道了。"

"说来听听。"

"就是不告诉你，让你干着急！"

真有她的——满脸的狡黠，像个小姑娘。

"好吧，我考过很多朋友，可都答错了。你能答出来，智商就比他们都高。"

"这也是动物文化？和人类文化的相映？"

"你说呢？动物行为学家为何要在野外终生以求呢？"

鸵鸟小骑士

到了目的地，一看生境确实不一样。没有湖泊，也不是草原，低矮的小灌木东一簇、西一簇的，乱石的小丘陵间隔出一块块的草地。

按照野外考察的经验，我先将树上看了个仔细。是的，没有蜂窝、蚁巢，更没有豹子、蛇……一想到蛇，一想到那天黑曼巴张开的洞口般的大嘴，不禁打了个冷战。在难得见到人的荒野，特别需要警惕。

我招呼李老师可以坐下吃干粮了，刚将面包取出，撕开软包装的牛肉，一阵嘈杂的蹄声传来——

一群黑色泛灰的野兽奔来，打头阵的个体大，散乱在后面的好像是它的子女。

又一头挺着雪亮獠牙的家伙，斜刺里冲来拦住了它的去路。

獠牙刺来时，那母兽迎了上去，恐吓式地吼了两声，虚晃一枪，扭头又跑。

野猪？吼叫声像野猪的嚎叫，没有獠牙的体型怎么这样大？脸上也怪怪的。

一块长方形的大白斑，穿过鼻梁从左腮到右腮，像贴了块大胶布，和我们在国内见到的野猪大不一样啊！

野猪正在演出的故事，我们看不到了——它们已风驰电掣般地追赶，离开了视野的舞台。

我们还是打点饥肠辘辘的肚子吧！当我再准备啃面包时，好家伙，红头蚂蚁正在面包上大快朵颐，翘着屁股啃。

我一直站着，拿着面包，它们是从哪里来的？

“蚂蚁，蚂蚁！”

李老师一边惊叫，一边拍打着刚才从软包装中取出的牛肉。

嗨，树上垂下了一根根丝，蚂蚁们就像空降兵一样沿着这条悬浮的丝线，准确地降落到面包上。如果有所偏斜，还可以像打秋千一样，再降落到目标上。

“还有虫子，虫子。”

是的，黑甲虫也正拍扇着翅膀，出席牛肉宴哩！

“快，离开树荫！”

两人连忙走出。李老师一甩手，酱牛肉已飞到了远处。

“喂，快看——”

惊慌失措中，我不知又发生了什么大事。

是只鸵鸟！正从我们来处大步走来，高高的脖子像是旗杆，微微张开的两翅像是两翼，犹如磁浮船飞来。

像是有个人骑在鸵鸟身上。

我自信在野外三十多年，还是有自定力的，但还是揉了揉眼，以消去幻觉——大漠中常遇蜃气幻出的影像……

没错，是个孩子。

鸵鸟疾步飞奔时，就像童话王国中的精灵，飘逸、神速。

“曼哈拉！”

不是他是谁呢？

他高声叫着：“哈啰！哈啰刘！哈啰李！”

李老师伸手要抱他时，他像玩跳马一样——两手一按鸟背，腾空灵巧地稳落到地上。鸵鸟走了几步，刹车。他自豪地向我们走来。我连忙掰下一块面包，拍打尽了红头蚂蚁，送到他的嘴边。

他肉红色的鼻头闪着光，张开扁嘴高高兴兴地叨去，吃了起来。

“神了，鸵鸟能骑？”李老师高兴得忘了他是南非的孩子。

可曼哈拉一昂头，将大拇指对着自己一伸，神情非常自豪——真牛！

他又拉住李老师走到鸵鸟身边，显然是要她骑上去试试。

李老师却直往后躲。

鸵鸟的扁嘴也咬住李老师的袖子，曼哈拉和鸵鸟的盛情，逗得我们哈哈大笑。

机灵的小家伙肯定是看到了面包上爬满了蚂蚁和我们的尴尬相，又是说，又是指手画脚，可我们一句也听不懂。

急得他指了指蚂蚁，又连忙摇摇手——它不是蚂蚁？

或它不可怕？我们无法断定。

他又指了面包，做了个大咬大嚼的姿态。

难道说蚂蚁不可怕？或是可吃？云南西双版纳的人也只吃蚂蚁蛋，从未见他们吃蚂蚁。

曼哈拉乌黑的眼珠在大块的眼白中转动着，显得特别可爱。

在他又做出一连串的动作之后，李老师说："他可能是在说这蚂蚁吃过的，人也可以吃，只要放到火上烤一烤就行了。"

刚想说"废话"时，我突然想起在哪里看过一篇文章，是说生活在丛林中的人，喜爱将牛肉、鸡肉放在外面，招引一种蚂蚁来吃，然后再去烤肉。由于蚂蚁在吃的同时分泌出一种蚁酸，这种蚁酸能使牛肉、鸡肉、羊肉特别酥嫩。

我似乎有些明白了，于是点了点头。

曼哈拉翻开李老师装食品的袋子，拿出几块饼干，用手搓碎，撒到合欢树下，又将李老师扔掉的酱牛肉捣碎，撒了一圈。

他这一动作提醒了我，记起了西双版纳有一种可怕的蚂蚁——它啃食人肉哩！若是惹了它，能落得你一身全是，唯一的办法是赶紧跳到水里。

于是连忙招呼李老师检查身上和食品袋，还好，没有找到。幸亏出发前在衣服、鞋子上洒了风油精，涂了万金油。

也是经验帮了我们，自那年被金丝猴采取计谋，偷走了装钱的摄影包后，在野外不是特别安全的地方，我们总是将包背在身上，情愿累一点也不放下。

李老师和我终于可以在曼哈拉设计的圈子中，安全又不受干扰地吃了一餐饭。

不是可以起火烤面包吗？昆虫们谁不怕火？起火就得冒烟，烟就是保安们的信号。

待到我们吃好、喝好，曼哈拉又做出长颈鹿的模样，大概是问我们看到了没有？

我举起了两个指头，想了想又改成了巴掌。他连说："NO！ NO！"还将两手张开，一翻一翻的。

李老师说，他是说很多很多的长颈鹿。

我只得摇了摇头。

他做出要领我们走的姿势，很得意。

临走前，我去拾放在地上的空矿泉水瓶带走。可瓶里已爬满了各色的昆虫，正在瓶壁吮吸着残留的水。旱季，生物们多么渴望水啊！

曼哈拉又要李老师骑上鸵鸟，盛情难却，李老师骑上去了。可鸵鸟的背上并没有鞍子，更没有缰绳。鸵鸟一走动，她一个歪趔，吓得惊叫了一声。它迈开大步，眼看就要脱缰而去，慌得曼哈拉一把抱住鸵鸟的长脖子。李老师这才得以跳了下来，踉踉跄跄，但乐得像个小姑娘似的。

李老师再也不敢骑了。

曼哈拉向鸵鸟招招手，待鸵鸟走到身边，他“腾”地跳起，还未看清怎么动作，他已稳稳当当地骑在鸟背上了。鸵鸟迈开大步——那真是大步，一步至少跨三四米，步幅大，也就有了晃动。可曼哈拉腰不扭，身不摆，稳如泰山。

在我们钦羡的眼光中，曼哈拉故意抱起胳膊，吆喝了一声，鸵鸟陡然加速，快速迈动的两腿犹如动漫镜头，黑黑的身子就如流星一般，渐渐成了一个点……

黑点又渐渐大了，曼哈拉骑着鸵鸟回来了。他一会儿站立到鸟背上，童稚的歌声飞扬，荒野上立即荡漾起黑人歌曲特有的旋律，嘹亮、奔放……

他又单腿独立在鸟背上，我想到了汉语中常用的“金鸡独立”。

陡然，曼哈拉又来个倒立……

他犹如优秀的骑手，在飞奔的鸵鸟背上做着各种惊险、高难度的动作。

看得我们心潮澎湃，分不清哪个是鸵鸟，哪个是孩子。是的，他们已融为一体；是的，在人类孩童时期，动物和人原本就生活在同一个生物圈，原本就是朋友。

“真是天生的运动员、歌唱家……”

待他腾空跳下，李老师忍不住还是上前把他紧紧搂在怀里，像搂着自己的孙子天初一样甜蜜、热烈。

当然，我明白，他是在用精湛的骑术示范，以消除李老师的顾虑。

我们都曾骑过马。李老师在新疆骑驴时没走几步，就从驴背上摔了下来，幸好驴背不高。它虽然有缰绳，但没有鞍子，也就比骑马更要有技术——平衡。它没有抓手，不信？你看，骑驴的多是偏腿而走，很少有人正儿八经骑着——那是随时准备被颠下来。

李老师告诉他，天色不早了，还是赶快去看长颈鹿吧。但回去时一定骑上去。

淘气、暴躁的黑犀牛

曼哈拉推开了鸵鸟，挥挥手，鸟也就走开吃草了。

一片大草原，只有稀疏的树，像绿伞，这里、那里撑起一顶。树冠奇特，几乎是平顶，就好像我们在新疆和青海看到的馒头柳、馒头榆一样，树冠似是经过修剪而成的馒头状，立在黄河边的山原上和村头的路边。

顺着曼哈拉注视的方向……

“犀牛！独角兽！”

是的，是犀牛。一头浑身雪白，一头漆黑。白犀牛体型像小牛，只是腿短。黑犀比白犀小了一圈。难得同时看到了黑犀和白犀在一起。

犀牛

由于犀牛角的药用价值高，因而犀牛遭到了残酷的猎杀，已成为濒危珍稀动物。它是克鲁格国家公园的五大动物之一。

犀牛和麒麟也有着渊源。我国的古籍中就称麒麟为“独角兽”。难怪李老师刚才脱口而出。

黑犀正在撒尿，哗哗响，尾巴却一甩一甩的。玩的什么把戏？

白犀跳起来了。

原来黑犀甩尾巴将尿击打出，竟准确地落到了几米开外的白犀身上。

这个淘气包！

白犀又一次让开了骚尿，一副大人不与小人争的架势。

黑犀更加得意，瞄了白犀一眼，调整了姿势。嘿！那

犀　牛：奇蹄目犀科动物的统称。
体粗大，体长2–4米，肩高1.2–2米，体重2800–3000千克。耳呈卵圆形，头大而长，颈短粗，长唇延长伸出；头部有实心的独角或双角。
毛极稀少，皮厚而韧，多皱襞，色微黑。

尿液竟泼得白犀一头一脸。

白犀大度地走开了。

黑犀却挺着独角向白犀冲去。白犀灵敏地一闪，躲开了。

黑犀又攻，白犀还是让开了。黑犀连声吼着，暴跳如雷，连连向白犀冲去。

白犀在一次躲闪中，伺机给了一记还击，两角撞击声清脆、响亮。

黑犀连连退后几步，随即又蹬起后腿，立势要冲过去。

白犀站在那里，盯着黑犀，挺着独角——威风凛凛。

黑犀收回了脚步，却气得又蹦又跳。

曼哈拉指指犀牛，然后又指指自己的嘴。

是的，白犀牛的嘴像个四方形——宽平，黑犀牛的嘴又尖又长。

他指了指黑犀牛，装着吃树叶的样子。再指指白犀牛，做出吃草的样子。

我向有些茫然的李老师说："他大概是在讲，黑犀牛和白犀牛嘴长得不一样，一个尖小，一个阔大；一个吃树叶，一个吃草。小家伙观察仔细，懂得真不少啊。对，是不是还有它俩吃的不一样，只是打闹着玩？"

曼哈拉指着远处：满世界的棕色斑块，白色的网纹，色彩描绘的世界——阳光将光彩效应发挥得淋漓尽致！

那长长的斜斜的脖子，那迈动的长长的腿，构建了一片奇异的童话世界。

七八十只长颈鹿行进的方阵，那气势，那浓重的色彩，洋溢着一种特殊的美感。激得心灵一会儿摒声息气，一会儿狂奔乱跳！

大地都在心跳。

这就是野生动物世界震撼心灵的美！正是这种美在闪耀着文化的光彩。

突然，长颈鹿大军跑动了，那一片白的网纹，橙黄的斑块，像是在海上乘风破浪的航船，掀起了波澜，摧起了浪涛，荡起了奇妙的韵律——

是由它前腿高于后腿奔跑时形成的节奏，有着一种纵跳的节奏，只属于长颈鹿的韵律！

如果不是亲眼所见，你绝对想象不出这个挺着长颈、高耸肩胛的庞然大物，竟能如此奔跑，竟能达到时速50多千米的速度！

浓墨重彩的世界在视野中消失了。庞大的长颈鹿队伍进入了森林，只留下热带稀树草原的风景。

看着看着，我脑海里渐渐浮现出另一画面——海南岛西南海岸，莺歌海北的大片草原上，稀稀落落的树林，和这里的景观何其相似啊！

它是我见过的唯一的热带干旱稀树草原，那里生活着珍贵的坡鹿，与长颈鹿同一家族。

“长颈鹿遭到攻击？是狮子还是豹子？”

李老师的问话，将我拉回南非。

见我没有回，她又做手势问他。

曼哈拉似乎有些明白，指手画脚，意思好像是说：没有花豹、狮子偷袭长颈鹿，在树林待久了，喜欢到草地上跑一跑，运动运动。树林太密了，它又是大个子跑不起来，只有他才知道它们的爱好，也只有他领着才能看到它们奔跑的雄伟！

感动得我也忘情地说：“Thank you,thank you very much（谢谢，非常感谢）!”

他做出长颈鹿长脖子的模样，大意是问：这像什么？

是呀，第一次见到那斜出的长脖子就觉得像什么，可又想不出，直到现在还是这感觉。

曼哈拉突然做了滑滑梯的样子，我连说：“Yes,就是个彩色的滑梯，给孩子们快乐的滑梯！”

孩子的想象力远比我们丰富，因为他们对动物的感悟比我们敏感。

半生不熟的英语，他竟然听懂了。指了指远去的长颈鹿，他又做了个睡觉的动作，问我。

我糊涂了，是说该回去了？

他急忙说：“NO，NO，NO！”又重复先前的动作。

“他可能是问你：知道不知道长颈鹿是怎样睡觉的？”

经李老师一说，真的像是问这个，是呀，那样长的颈子可以使它不用登高就能望远，长腿一步抵得上狮子的几步，可优势也能变成劣势啊！想起儿时踩高跷拣石子的游戏，真的，我还真不知它们怎样摆弄长颈子、长腿睡下哩！

睡觉时也是它容易受到猎食者攻击的时刻，当危险来临时，它能快速站起来吗？

我只能摇摇头。

他很得意，又用大拇指指着自己。意思很明白，他知道。

我一再追问，他就是眨着调皮的眼睛不说，意思好像是“天机不可泄漏”。

太阳已经西沉，微风拂来了山野朋友们的吼叫声，一群羚羊挺着大角在远处跑着。

曼哈拉一定要李老师骑上他的鸵鸟。李老师没有急着上去，倒是一手扶着它的脖子，一手把饼干、花生米塞到它的嘴里。嘿，玩起贿赂了！

我取下李老师背的包。曼哈拉扶着她骑上去，示意可以轻轻地抱着它的脖子。

李老师稳稳当当骑好，曼哈拉一拍鸵鸟，它就走起来了。走了一段，曼哈拉才松了手。

开头，她的身子还有些僵直，渐渐放松了……

红红的夕阳将森林、荒野镀上红晕，霞光射出紫色的光彩。一群红嘴的鸟儿不时变换着队形，向着落日飞去。

不好，前面有条干沟。正当我要喊时，李老师的惊叫声还未落音，鸵鸟已一蹬腿——过去了。那沟足有两三米宽。经过这一考验，李老师骑得更自如了。

她喊我也去试试。我问感觉如何？

她说非常美妙！乘过海轮，坐过飞机，打过“驴的”，谁知还能骑上鸵鸟呢，旅游不就是体验吗？野外考察不也是体验吗？

我说，一米八二的彪形大汉压上去，它还能迈开腿？

她乐得哈哈大笑。

其实，我有着另外的盘算，想问问这鸵鸟是哪里来的。

肢体语言已为我们架设了交流的桥梁，虽不太畅通，但毕竟是桥梁。

是的，我明白了他说的故事：

去年的一天，他在外面野玩，看到一只狐狸在追鸵鸟。他轰走了狐狸。近前一看，一只鸵鸟已倒在血泊中，肚子被撕开了一个大口。正想离开时，草丛中响起哀叫声。

是只小鸵鸟，臀部有伤口，腿也断了。他将它抱回家，求着爸爸找医生。兽医帮助接好腿骨，医好了伤。

从此，他们成了好朋友。鸵鸟长大了，爸爸要他把它送到大自然中去，他当然舍不得。爸爸说那里才是它的家。

他把鸵鸟送到草原了，可它又跟着回来了。爸爸生气了，亲自开车将它送得远远的，可没隔一天，它又回来了……

小鸵鸟是为了感恩呢，还是迷恋于人类的呵护？

遭到那样的劫难，那样小就离开了群体，哪个群体会再接受它？一只从小没有经过生存考验的鸵鸟，能够独自支撑生活吗？

爸爸只好同意鸵鸟留下。曼哈拉有了好朋友。

故事虽然并不复杂，但很感人。

到了营地附近。我们想请曼哈拉去我们的住处，甚至拿出手机，要他给家里打电话。可他指着鸵鸟，就是不肯。最后我似乎明白了，好像是说鸵鸟不能进入还是什么别的。但他说送回鸵鸟后，会回来的。

晚饭后，曼哈拉要领我们出去。在异国他乡，我们有顾虑，对他说还是白天去吧。他急了，做了一些奇怪的动作。我们还是一头雾水。

狮王围追斑马

曼哈拉使起蛮劲，拽着李老师就走。幸好，出了营区后还是沿着栅栏走，只不过是另一方向。

月亮尚未升起，天空显得深邃，星星也特别明亮。轻风拂面，昆虫鸣叫稀落。

李老师最怕蛇，走得很谨慎。曼哈拉好像是熟人熟路，总是返身用电筒给李老师照路。

曼哈拉手指着嘴唇又摇了摇手，只走了几步，停住了。

前面的地上突然闪起一片红红的亮光，像是一盏盏小灯。那红光红得特殊，似乎应称为虹，闪着奇异的光，笼罩了神秘。曼哈拉害怕似的紧紧依偎在李老师的身边，周围弥漫起恐怖的气氛。

是地火？没有火苗。

是磷火？并不飘逸。

是真菌类的蘑菇？发光的蘑菇有好几种——荧光、蓝光，但它们都是长在树上的。那里没有树，是片荒野。

那虹光的排列似乎有着一定的规律，奇异的是不同的角度，虹光发生了变化。

是钻石？南非似乎就是钻石的故乡，但只听说过蓝钻石，却从来没有听说有红色的钻石。

是红宝石？对，南非也盛产宝石。前几天，我们还参观过宝石矿，只要交纳几块钱就可在一个大池子中淘宝。这么多的宝石，从发出虹光的面积、密度粗略估计，最少也有100多颗！这么多来来去去的人都不识宝，还是宝石多得都懒得弯弯腰？

是野兽的眼睛？虹光的位置似是贴近地面，固定的，绝不可能。

李老师问："究竟是什么？"

我摇了摇头，伸手就去要曼哈拉手中的电筒。他好像早有准备，一闪，连连摇手，好像是电筒一亮就要发生天崩地裂的大事。就在这瞬间，他的表现是那样诡异，藏着太多的神奇，又还带有孩子的淘气。

这个小家伙，导演的哪出戏？

心一静，隐约听到了一种声音。什么声音？谁发出的？似乎有些耳熟……

嘿！那声音和虹光的闪动，似乎有着一定的关系。

是反刍声。对，肯定是草食动物的反刍声！

草食动物先是猛吃，待到闲暇时再将草返回口中，慢慢咀嚼。反刍动物不少，牛是典型的。

儿时我放过牛，对牛的反刍声并不陌生。

我悄悄地告诉了李老师，为了松弛她紧张的神经。

慢慢适应夜色之后，隐约看到了黑乎乎的草丛中，虹光边似乎是牛角。

对，是牛角，好大的水牛角！

虹光是它的眼。野牛的眼在夜色中竟放射出如此的虹光，真的像一盏盏的红灯。

但我曾放过那么长时间的牛，有时夜里还要起来给它添草，可从来没有见过这种虹光。这是野牛才有的？

我明白他为什么一定要领我们在夜晚来了，只有这时才能看到这奇特的景象！

一点儿不错，是黑水牛，躺在那里，全身乌黑的水牛，喜欢赖在水里打汪的水牛。怎么忘了，它还是公园的名角呀！

我将两个手放到头的两边，学着牛的叫声："哞！"

曼哈拉乐得翻了个空心跟头，李老师轻轻拍了他一掌："淘气得有水平！"吓得我大声都不敢出。

后来，我们果然看到了庞大的水牛群，外形确像水牛，但有的角要大得多。个个体格健壮，一群有七八十头。曼哈拉说，它很凶猛，狮子、花豹都不敢惹它。在公园中生活着20000多头野牛！

不知为什么，我总感到"大斑"和"小斑"之间的故事没有结束，还有神兽麒麟的种种疑团。

很多野生动物早晚都有一次活动高潮。即使是夜行动物，也多是晨昏时活动。

又一个早晨，天不亮就起来了。东方刚露白，我们就出发了。

很快找到了长颈鹿，这群有十几只，都在用灵敏的薄薄嘴唇导引，伸出长舌卷食着树叶。

李老师指认了"小斑"，特征很明显。不错，"大斑"仍不屈不挠地跟在左右，时时用脖子去挤兑"小斑"，是邀请它去散步？

灌木丛中挺出了一片大角，角很长，不会短于1米，粗壮，螺旋形，前额有一撮黑毛，很像我国黑麂的额头上的那撮毛。

好家伙，体型高大，似乎比野牛还要高，还要大。靛蓝色的身上，竖起了一条条白色的斑纹，很像我国鬣羚的颈脖上长有的黑黑鬣毛。

“大角羚羊！”

“肯定是。在约翰内斯堡住的宾馆喷泉池边，就有它们健美的形象。运气不错，据说很难见到哩。这家伙恐怕有几百千克重！这样的大家伙，像不像在秦岭看到的扭角羚？”

经她一提醒，倒真的让我想起在四川的青川和陕西的秦岭追踪扭角羚的惊险。

扭角羚的体型大得像头牛，与这里的大角羚不相上下，只不过青川的毛色深一些，秦岭的是淡淡的棕色。

扭角羚的名字来源于它的角，那角长出后先向前伸，再向后，再扭至旁边，与大角羚的螺旋形的角比较，各有风骚，多了一层审美的趣味。

长颈鹿在树冠上觅食，大角羚羊在下层，互不干扰，一片和谐的景象。

那边的草丛中还有着另外的动物，有的穿黄褐色的毛衣或褐色的毛衣，有的头上长着黑点，有的身上是直条子白色的斑纹……看样子大概多是羚羊类的动物。这里生活着十四五万头各色各样的羚羊啊！

黑犀也出现了，安逸地享受着早餐。这个暴躁的家伙竟然能容忍几只鸟儿站在它身上左一口、右一口地啄食。

“犀牛鸟？”

“正在帮它清理门户哩！它自己可没本事捉到身上的寄生虫。看到了吧，鸟嘴是红的，它不在犀牛背上，那天我们就没认出来。”

动物之间的互利、互助，上演出很多有趣的故事。

犀牛鸟尖叫着飞走了，黑犀迅速钻进了灌木丛中。林丛中有了骚动，响起了小兽急速奔跑的声音和枝叶、草丛的哗哗声。大角羚停止了进食，只有长颈鹿还是那样悠闲地吃着早餐。

哪位大人物来了？

李老师往我身边靠。从她的眼神中看去——狮群！

一头雄狮正面对着我们这方，长长、蓬松的鬣毛，宽阔的额头，蒜头般的大鼻子，嘴……

我心里一惊，这副面孔怎么那样像是一个人的面孔？第一次发现有这样奇特的感觉，是受了某种动画片的误导？

它威严地站在那里，簇拥着的母狮、幼狮，全都规规矩矩地立着，没有大声喧哗，更没有走来走去的轻慢！

是的，这得归功于大大的脸面，浓密蓬松的金丝一般闪着光芒的颈毛！

动物世界的雄性，总是用各种方法使自己变得庞大，以显示雄伟。麋鹿王就是用角将草挂到角上，以显示自己的威风。

它的两眼炯炯有神，简直可以说是神采奕奕。哪里有一丝一毫那天坐在游览车中看到的萎靡？

是寻找猎物还是巡视自己的领地？每群狮子都划定了领地，绝不容许同类侵犯。

弱肉强食是肉食性动物的法则。号称百兽之王的狮子也是“吃柿子拣软的挑”，不愿花更多的精力去捕猎具有攻击武器的食物。

果然，那边蹿出了一群斑马，后面有狮子在追击。

斑马一出现，狮群立即散开，狮王一马当先，拦头迎击。

十多只的斑马群迅速地改变了方向，只见黑白的斑纹已突出了阻袭线。

顷刻间，逃跑者、追击者都已离开了我们的视线。

这幕精彩的大剧，刚拉开帷幕就结束了。没有高潮，没有尾声，只留下想象的空间去弥补遗憾。

斑马是狮群最喜爱的猎物，它们没有反击的武器。

就在这短短的时间里，丛林中好像刮过了一阵大风。有形、有声、有色的野兽都销声匿迹了，连高高在上的长颈鹿们，也神不知鬼不觉地走了……

狮王的威风！

我们也得抓紧这短暂的清晨，去拜访更多的朋友。

长颈鹿的跆拳道

神了！长颈鹿“小斑”居然已到了这边。

绝对错不了，是“小斑”，那似圆的小斑块像是服饰配件挂在胸前。

它干吗离群来到了这里？是躲避“大斑”的纠缠，还是另有所求？

它那大眼看到了什么？竟然一步步地走去，虽有些迫不及待，但仍迈着不慌不忙的步子。

我把李老师一连串的问题，都用噤声的示意挡回去了，循着“小斑”注意的地方看。

“水！”

丛林中有了个水塘，掩映在杂草短树中。说它是塘实在有些夸大，现在只是个小水凼。但它毕竟还有着浅浅的水——旱季中尤显得宝贵的水。

“小斑”的冒险，使我立即想到自身的安全，赶紧找了个隐蔽地和李老师藏了起来。这时，我特别感谢栅栏。

阳光、空气和水——生命的三要素。

为什么别的动物没来？是含毒的水？

不是，干涸的水凼边的泥土，印着兽的凹凸的蹄印。

这小小的水凼边，是杀机四伏的地方啊！肉食性动物最好的设伏地点！守株待兔，几乎百发百中。

不信？水凼边就有动物的残骸！既有森森白骨，也有前不久遭殃的。

“小斑”不会是来喝水的吧？太危险了！

“小斑”就是“小斑”，它站住了，先是高昂着头，巡视了两遍，又转动着大耳朵倾听——梅花鹿就是转动耳朵侦听四面八方的音响。我参加过对它的考察。

它迈出步子了，那大步一跨就到了水边。可又驻足凝神，是思索考量值不值得铤而走险？

不，不，很可能不是这样。

“喝不——”

我狠狠地瞪了李老师一眼，难道我还看不出来？

它的前腿长，后腿短，倒是非常适宜站在坡面。但它太高了，颈子太长了，水面太低了。两者相差的距离太大了！

不，不，它肯定会来解决这个难题的。在动物园中，谁看到过长颈鹿喝水呢？

它的前胛高耸，再加上长长的脖子，还有这水凼边的倾坡，两条前腿要承担多大的重量啊！

“小斑”已作了决定，它慢慢地叉开了前后腿，前腿叉开的幅度很大，后腿的幅度要小些。是的，它弯下颈子。大约是还够不着水，它又将腿叉得更开——要保持前沉后轻的平衡不是件容易的事。

它的不便还在于颈子太长，需要有强大的心脏、高的

花豹

血压才能维持头部的血液循环，但低下头时，高血压将使它更不舒服。

不信你可以试试。

好，“小斑”终于够到水了，雪青色的长舌在水中一晃，全身微微一颤。甘泉滋润生命的欢悦，只有经历过干渴的人才能体会到。

但它这种四腿叉开，支撑着一个庞大的彩色身体，长长的颈子，形成了奇特的景象，若从后面看，倒是很像一只大龟。

肘间被撞了一记，很疼，是李老师的作为。循着她的目光，“小斑”身后的左侧有了动静——斑斓的毛衣……

“老虎？”

“是花豹！”硕大的头颅，斑块大、鲜艳。不是猎豹那种淡土黄色圆点，体型也小，它正是依靠着这身迷彩服般的皮毛，才和丛林如此混淆。

怪！它并没有发起攻击，花豹正利用树丛、杂草，趴在地上匍匐移动，目标显然是“小斑”的身后。是为了缩短攻击时的距离，保证成功率？这家伙和所有的猫科动物一样，善于伏击战。

“小斑”开始喝水了，但不是豪饮，似是一口一口地品尝。

干吗这样穷讲究？喝水时刻原本就处于危险之中——眼睛要盯着水，敌人也选择这样的进攻时间。

快逃，傻家伙，你这副架势，别说花豹有锐齿、尖爪，即使一头撞去，也会人仰马翻呀！

花豹还在匍匐前进，调整着位置……

攻击的最佳时机未到，花豹在等待。

花豹诡秘的行动，使我突然想起长颈鹿眼睛的特殊功能，花豹在利用这一特异功能。

“小斑”微微抬起了头，真让人松了口气。它发现危险了？

花　豹：又称金钱豹，食肉目猫科豹属的一种。
体长 1–1.5 米，体重约 50 千克，最重可达 100 千克，尾长近 1 米；全身橙黄或黄色，其上布满黑点和黑色斑纹。雌雄毛色一致。
栖息于山地、丘陵、荒漠和草原，尤喜茂密的树林或大森林。无固定巢穴，单独活动。白日伏在树上，或卧在草丛中，或在悬崖的石洞中休息，夜晚出来捕食。动作灵活，善于攀树和跳跃，敢于和虎同栖于一个领域，能攻击体形较大的雄鹿或凶猛的野猪等。主要捕食中、小型有蹄类动物，也吃小型肉食动物。

坏了，它又低下头去喝水了，大口大口地喝。清凉的甘泉正润泽着干渴。

花豹进攻的最佳时刻到了，它已到达了猎物的盲区。长颈鹿铜铃般突出的大眼，具有全方位的视野和看到身后的特异功能。花豹精心策划的就是匍匐到它臀部的后方，现在的盲区。

“小斑”最危险的时刻来临了——豪饮且沉浸在解渴的畅快中。

花豹正在站起的同时，已将身子后挫，蓄势待发。

枝叶响起，棕黄的色彩闪亮。

花豹对准“小斑”的臀部跃起……

“大斑”神奇地冲来了，尽施长腿的优势，踢出了一脚……

花豹眼见铁锤般的蹄子已砸到面前，惊得一扭身子改向侧面攻击。谁知，“小斑”的后蹄也蹬出。虽然它在这种状态时后蹬的杀伤力不大，但也足以打乱了花豹的计划。

“大斑”哪容花豹有喘息的机会，举起铁锤——巨大的蹄子，绝不亚于铁锤踢向刚落地的花豹。

花豹灵巧地跳到了左边，它深知只要挨上一锤，脊梁立断，五脏六腑破裂。“大斑”的左蹄又到了。

花豹跃起，做了个空中转体，已落到了后侧右方。

“小斑”已趁机收起那副尴尬相，恢复了常态。

嘿！妙极了，“大斑”的后蹄居然斜踢。花豹哪料到这招？慌得连着两个纵跃，才逃脱了重锤。

花豹刚落地，“小斑”已经赶到，飞起弹腿，踢向花豹的下巴。花豹打了个滚，刚到一边，“大斑”的侧踢又到了。

“跆拳道！嘻嘻。”看得李老师童心骤起。

花豹猛吼一声，“腾”地跃起两三米高，张开血盆大口，冲向“小斑”庞大的躯体——这招厉害，既可避开长颈鹿的铁锤，又可利用对手体大，动作没有自己灵活的弱点，保持进攻或以攻为守。

但它绝对没有想到，“大斑”将踢出的腿一曲，随即一蹬，虽然刚触到花豹的皮毛，还是惊得它跌到了旁边。运气太差，刚好跌到了“大斑”“小斑”之间。

刹那间，只见长腿前踢后蹬，侧拐，铁锤纷飞，花豹纵上跳下。一时间色彩纷乱错杂，眼花缭乱，好一场激战……

场面非常幽默与滑稽！

一方吼声连天，左蹦右跳；一方一声不吭，铁板着面孔，冷眼漠视，快速地出腿踢蹄。

花豹真的骁勇矫健，奇迹般地从“大斑”“小斑”的铁锤下逃了出来，只是腿部受伤不轻，拖着断了的左后肢，一蹦一跳地走了。

“大斑”“小斑”大有骑士风度，不追不赶，只是注视它的一举一动，像是送别注目礼。

奇了！刚演出英雄救美的“大斑”，没有靠近“小斑”，更没有纠缠，只是看了它一眼——几乎看不出深情或是冷漠，就昂头挺胸大步走开了。

嘿！真有侠士的风骨！

是痴情还是无情？抑或是无情正是有情？

一会儿，它就消失在丛林中，只有树冠上时而冒出它的头、长颈。

“小斑”愣怔了很长的时间，才向“大斑”离开的方向走去。

但愿这个故事还没结束。是的，这些山野朋友丰富多彩的感情世界，留给我们太多的神奇、思索、话题……

话题怎么一转，又转到了麒麟是不是长颈鹿的身上。既然它是中国文化的一部分，当然就有了讨论的意义。依稀记得大师郭沫若就曾说过，麒麟的原型很可能就是长颈鹿。从对长颈鹿的所闻所见，在精神的层面上说，在那样的历史年代被视为神兽，也不为过。

但麒麟出现应是久远的时代。正因为现实生活中没有，但又赋予它祥瑞神兽的多种象征意义，人们渴望它的出现更是情理之中。当生活在公元1414年的明朝人，见到从海外来的长颈鹿奇形怪状，肯定是欣喜异常——从未见过，叫不出名字。奇兽是当然的，议论也是当然的。

在纷繁的议论中，很可能有人提出了长颈鹿即麒麟之说。而这又刚好适应了统治者的需要，因为它的到来，是上天对国泰民安的赐予。皇帝一高兴，臣民们当然也就随声附和，一时间轰动朝野。

其实，他们除了看到了长颈鹿的外表，对它的了解又有多少？主张麒麟说的人，举了明朝当时一首歌咏长颈鹿的诗文为证："实生麒麟，身高五丈，麋身马蹄，肉角𩨗𩨗，文采焜耀，红云紫雾，趾不践物，游必择土，舒舒徐徐，动循矩度，聆其和鸣，音协钟吕……照其神灵，登于天府。"

这更证实了颈长、身高、彩色斑块和网纹，黑黑的短小的茸角——外形带给了人们的惊喜。

"聆其和鸣，音协钟吕"的谬误，也更证实了只是长颈鹿的外形留给了人们强烈的印象，因为长颈鹿很少发声，怎么可能发出音乐般的歌唱呢？当然，诗歌有夸张的特权。

持长颈鹿之说者，最难解释的是长颈。因为麒麟没有两三米的长脖子！在这之前之后，神庙之前麒麟的雕像式画像，似乎都没有长脖子。据说在徐州东汉时的画像石上发现了多只麒麟的画像，至少有三只具有长颈鹿的典型特征。但我没有看到过，详情不得而知。

从古籍上对麒麟的描绘看来，也有主张其原型是犀牛或麋鹿的。犀牛相符的特征是独角。麋鹿俗称"四不像"，是中国的特有动物，只产于中国。因此视麋鹿为神兽的传说也多。

其实，并非一定要考证出麒麟源于何物，它神兽的品格、象征的意义已有了很多的描绘。

即使考证出长颈鹿即是麒麟的意义，也没有长颈鹿在公元1414年就由我国的航海家带到中国，开始了与遥远的非洲交往的历史，证明中国航海家勇敢的探索精神更为重要。

羚羊的臀部装了两扇门

太阳出来了，鸟儿们有的已退出了大合唱，拍扇着翅膀开始了一天的采集生活。有的还沉醉在音乐的美好中，继续歌唱着。

远方湛蓝的天空，云集着盘旋的猛禽。它们盘旋的半径正在缩小，不一会儿就纷纷落了下去。昨夜，又有一位斑马、角鹿或羚羊遭殃，它们正赶去收拾残渣余孽，享受免费的早餐。

嗨！嗨！它们在玩什么把戏?

这个跳起刚落下，那个又跳了起来，有时还两三只同时跳起。

从身型看，很像我们在准噶尔盆地中看到的鹅喉羚，是种小型的羚羊。

它们的起跳动作很特殊，没有助跑，只是原地立定，蹄一蹬，身一耸，就蹿上了两三米高。妙在跳起时两腿垂直，像两根棍子，又那样直直地落下，再直直地蹿起……

大地好像装了弹簧——不，是蹦床！

奥运会上有这个竞赛项目。只不过它们没有像运动员们那样，在腾空时做出各种高难度的动作。

但它们金黄色的、秀气、玲珑的身子，在阳光下闪着红色，十分悦目。这种小羚羊很可能是瞪羚羊中的一种，瞪羚的家族有十几个亚种。

是在开运动会，还是作技巧表演？

它们就是这样频频地跳，没有加油声，更没有掌声。它们自己也一声不吭。

嗬！观众真不少，总有上百只。可明亮的小眼睛不是看着表演者，倒好像是向远处探视、搜寻。

循着小精灵们的眼神，我终于发现了那家伙。

“猎豹！”

“猎豹？像金钱豹哩！”

“绝对是。比我们国家的金钱豹身上的斑点更圆，颜色也浅一些。最明显的是两眼处有泪斑。”

我明白了，那是瞪羚们一种报警的动作。动物世界既有用声音报警的，也有用动作传达消息的。猛禽就是既用叫声呼唤朋友，同时又用飞行动作传达消息。

瞪羚的这种报警方式，一是因为它的群体很大，一个或几个跳起，能让群体的大多数看到。二是它跳高时，得到了更为宽阔的视野，更有利于观察到敌人的动静。三是通知敌人：我看到你了，别躲躲藏藏，破坏了敌人偷袭的突发性。

弱小的动物，总是有特殊的生存本领。

猎豹当然看到了高高跳起的瞪羚，但它仍然不放弃，整整一夜的徒劳狩猎和辘辘的饥肠都在鼓动它发起进攻。偷袭不成，干脆明目张胆地展开了进攻。它前胛一挫，四蹄腾空起动了。

“噫”的一声叫。

早有准备的羚羊群跑起来了！

神了！它们奔跑的同时，臀部像是突然打开了大门，露出了雪白、雪白的银桃斑，整个羊群白花花一片，像是阳光照耀下的雪原。不，比雪原更为炫目、耀眼——那是跳跃的、晃动的反光镜。

妙！原来它用臀部的皮肤当作了两扇门，平时关着，到危急时突然左右打开，露出雪白耀眼的大块白斑。我国藏羚羊的臀部也有一块大白斑，像是个倒放的银桃，只不过它没有装上两扇门。

追逐着这片炫目的世界，虽然是兽类中奔跑速度的冠军，虽然它的时速可达到100多千米，虽然仍在全速追击，似乎已经失去了目标。

放哨的羚羊

羚羊也是赛跑的能手，奔腾的四蹄几乎撑起了一条线，贴着灌木、草尖飞驰。那白花花的世界，一会儿向左，一会儿向右，犹如浪涛，汹涌奔流，在原野上画出了美妙的曲线……

奇异的景象已经远去，李老师还未回过神来。我的思绪还在追寻着那幅生命在大自然中描绘的传奇……

瞪羚每年都要进行迁徙，迁徙群常有上百万只之众，那是何等壮观的景象！

这是一个难忘的早晨。

极度的兴奋，神经的起伏跌宕，疾风骤雨、雷霆万钧的生存竞争……几乎使我眼中一片空白，是疲倦或仍是在亢奋之中。总之，使我想起一件小事：

那是在开普敦参观一个葡萄园时——南非的葡萄酒也是特产，突然听到了一种异样的声音。开头时并未在意，但那声音很古怪，像是油坊打榨时推榨人呼出的，一记记很清晰，然而沉闷时又像是个老人竭力的呼喊。

走过去一看，你猜是什么？

三四只大龟！每个都很大，龟甲的直径最少有 1 米。但灰褐色的龟甲毫无光彩，显得特别的沧桑。我想这应该是陆龟，这样巨大的陆龟还是第一次见到。

但那似推榨人的呼出，又似老人哼叫的声音没有了。

只见两只巨龟，微伸着干涩的头，瞪着小眼睛相向而立。

片刻，右边的一只爬动了，左边的也爬动了，两头相触，两肩相顶。

干吗？顶起牛了！

没有声音，全是慢动作，只是从龟甲中伸出的四条腿、抓在地下的爪，看出双方都在使着内功。

也只能从它们的前进或是后退，看出战局的变化。

这是场无声的战斗，既没有旌旗鼓角，也没有枪炮的轰鸣。

旁边有只巨龟，正在吃着投放的青菜叶，吃得很绅士，缓缓地吃，慢慢地咽。

在两龟的进进退退中，才得知争斗的激烈。现在，它们的脚下已被蹬出深窝，扣进土中的爪似乎都在发出吱吱声，很像武侠小说中写的内功比拼。

直到司机呼喊上车，它们依然没有分出胜负。我很想看到结局。

这两只陆龟，从其巨大的体型来看，最少已是百岁之上的寿星！

它们在生存竞争中的行为和羚羊、猎豹、狮子形成了巨大的反差，留下了太多的思索。

它为何要将鼻子、眼睛长在头上

午后，活泼的长尾猴全都懒散地躲在树上，有的相互捋毛，有的靠在树上打着哈欠，连鸟儿们也都不叫一声，它们也都好像午休了，丛林中安静了下来。

原野也是宁静的，连风也不拂动。太阳恣意地照着，更显得炽热。

河马的吼声连连响起，一会儿激昂，一会儿沉寂，几乎连空气都产生了共鸣。

我们快速前进。

河马的吼声从芦苇丛中传出。芦苇后是河流、沼泽，还是湖泊？芦苇带很密，圈起一片不小的区域，好像是有意隐藏那里的神秘。

离芦苇丛还有三四十米时，李老师突然停住了脚步，说："等一等。"

"发生了什么事？"

"你能确定是河马？"

"你不是也听到过它的叫声，那年在南海野生动物园。再说这样的生境，不是河马还能是狮子？"

"那就一切要听我的。"

我一头雾水："为什么？"

"别赖账。那天看蓝鲸打赌，我赢到了一次否决权，现在就要使用了。”

说得坚决，但眼神中有着不安。

她的不安使我猛然醒悟，问题就出在那次看河马。

野生动物园河马的圈舍在湖边。傍晚时分，只有我们俩在观看。

河马体格庞大，总有三四吨重，是生活在淡水中的最大的动物。浑身肉乎乎的，没长一根毛，光滑的皮肤黑得发蓝，简直就是个圆橡皮桶。光看它四条粗腿，会以为是大象腿，只是太短了。

它的嘴巴阔大，像是个四方形的簸箕。怪异在鼻子、眼睛全都长在头顶上，也算一绝吧！

完全是副憨拙可爱的形象。

饲养员抱着青草来投食。圈门刚开，河马就张开大嘴冲了过来。吓得饲养员连退两步，咣当一声带牢了门，差点没跌倒。

河马的巨大的嘴

天哪，它张开的嘴真大，“血盆大口”这个词肯定就是为它而造的，更令人毛骨悚然的是它又长又尖又粗的门

河马像不像个橡皮桶

牙，最少有二三十厘米长！肯定有几千克重，好恐怖！

在那刹那间，我和李老师虽离得较远，也都被那气势压迫得退了几步。

饲养员吓得不轻，脸色灰白。

我安抚了他几句。

饲养员心有余悸，嗫嗫嚅嚅：“它伤人，非洲每年都有人死在它口中，狮子也不敢惹它！”

这个平时憨拙可爱的家伙，还有着如此凶残的一面！

李老师说：“太狰狞了。艺术家笔下魔鬼的造型，肯定是根据它创造出来的。”

如此一想，我也告诫自己谨慎一些为妙。

苇丛中时时传出河马的吼声，水的翻腾、击浪声，表明正在上演一出大戏，就像被关在足球冠军赛场地外那样撩人、难耐。

我们围着苇丛走，可就是窥视不到里面，连似是河马的身影都看不到。

我刚要走近，想拨开苇丛。

“不行！”

随即就被她拽了回来。

如此三番两次，我急了，上火：“这样精彩的场面都不看，还来非洲干啥？”

“动物行动前要侦察，安全第一。这么一个大人还不会？”

理智上不得不承认她是对的，但里面的场景太诱人了——只有在非洲才能看到的景象。

正在我们纠缠不清时，传来一声“哈啰刘”。

嗨，曼哈拉骑着鸵鸟来了！

这个孩子像是个未卜先知的精灵。他可能早已看到了我们的拉拉扯扯，于是，指手画脚一番。明白了，他早就知道我们碰到了麻烦，所以就赶来了。只有他才能解决我们的问题。

幸好苇丛中战斗还未结束。

他领着我们走了一段路，绕了一段路。嘿！前面有一小丘般的高处。

站到高处，虽然远了点，但却能看到苇丛里的世界。从这个角度看，苇丛虽然隔了一个个水凼，但水面不小，漂浮着水生植物，挺水植物丰富。

河马们只露个头浮在水面——难怪它们要将鼻子、眼睛长在头上。突然一头河马大吼一声，潜入水底，水面上立即翻涌起浪花。从浪花看来，水中正在进行着搏斗。

一头小河马的头露出了。大河马往上一拱，啊！顶得高高的是条大鳄鱼！是杀手尼罗鳄，总有两米多长，肚子很大。

嘿！原来对岸还趴着好几条大鳄哩！

是鳄鱼偷袭小河马！

大鳄被重重地摔到了水里，它却一甩尾巴，噼啪一声，水花飞溅，潜入水底。

大河马慌了，迅即挡到了小河马的身后，用背将它往岸边拱。

水中果然露出大鳄的长嘴，张口向河马突然一击。大河马张口迎去，就在长牙已触到鳄鱼头时，它却打了个滚，白白的肚皮一转，翻身走了。

水中映出一片血色。

谁受伤了？

大鳄又来了，大河马且战且退。好了，小河马已经上岸。

大河马没有了后顾之忧，更是张开血盆大口，挺着长牙，扑向大鳄……

水面又映出血色。

大鳄失踪了。

大河马也上岸了，走到它的孩子面前。

河马是营群性动物，那将头浮在水面的河马们为什么不来助阵？是也有护崽的职责？

静了很长时间，曼哈拉才指指嘴巴、鼻子，又指指头。李老师也明白了，河马将鼻子、眼睛都长到头上，是为了便于呼吸。

河马虽然能潜水，但两三分钟就要出水呼吸一次。

小曼哈拉装出一副胖子模样，又指指水，指指河马，他就是用这副滑稽相告诉我们：它胖，天生是浮在水里的料。

大河马伸出舌头舐了舐小河马的腿部，似乎有伤。但没过一会儿，它就带着孩子下到了水里。太阳晒久了，它的皮肤会开裂。

我注意到曼哈拉没有让鸵鸟离开身边。

鳄鱼的凶残是出名的，人们却常常被河马的憨拙外表所迷惑。尤其是护崽时候，母性的勇猛是谁也预料不到的。我想它伤人，很可能是人类靠近了它们的孩子。河马只吃草，它生活中的一切都是在水里进行的。

我很感激李老师。我们都很感激曼哈拉。

猫鼬是个可爱的小动物，胆小，常在洞口这样东张西望

曼哈拉想领我们去看一种小动物，很聪明，能做很多好玩的动作，很可爱。从他所做的动作猜测，很可能是猫鼬，他曾扮了个猫脸，同时将两手放在肚皮上。

那天在看大象蹭痒时，偶尔相见，在洞口的猫鼬马上立起上身，站立起来——把尾巴撑在地下，两前肢垂在胸前，注视着我，很像我们在冰山之父慕士塔格峰下看到的旱獭。它也是这副模样站在洞口，毛色也是金黄，但个头是猫鼬的好几倍……

对，他刚刚的动作好像是说，那个小动物喜欢和蛇打架——扮了个很特殊的动作。

可我心里牵挂着长颈鹿“大斑”“小斑”，似有一种奇特的魅力和强烈的诱惑……

会说话的脖子

寻寻觅觅，仍是不见它们的身影。不是说没见到长颈鹿，三三两两一起的，十多头集体行动的，都看到了，但就是不见“大斑”和“小斑”。是遭到了不测？谁敢惹它们？是“大斑”伤心地远走他乡了？

太阳已经西沉。在这样的地方，走夜路肯定不好玩。失落感越大心里越急。

曼哈拉指了指刚走过来的树林，从这边看去，两只长颈鹿的臀部正对着我们。那姿态模样，不可能是“大斑”“小斑”。

我正想前行时，李老师说别急嘛，看看。

左边的长颈鹿弯下了脖子，将头靠到了右边的颈根处，摩挲了两下。那个傻大个子却旁若无人，只顾昂着头卷食。

左边的又用长颈去碰右边的脖子，还蹭了几下。

大个子不仅不理不睬，甚至还像不胜其烦一样往前走了两步——就像第一次见到时“小斑”对待“大斑”的纠缠。

左边的也紧走两步跟上，脖子绕到了前面，拦住右边的脖子——真是各有妙招！是呀，不然它们怎样才能留住对方呢？

可右边的还在自顾自地走着。左边的只好随着它挪动。

这是在干吗？

求爱？

它比那天的“大斑”要聪明得多。比较起来，“大斑”就笨得像熊，求爱时只会前堵后截！

右边的毫不动心，虽然步子迈得不大，似乎还保持着礼貌，但仍往前走着，眼看就要走到浓密的树丛中。

看来，它们已纠缠了很长时间。

左边的突然扭脖子向左旋转，将脸扭向上，水汪汪的大眼，望着昂头的大个子。

“小斑！是小斑！”

怎么可能是“小斑”哩！那天，它对“大斑”的不理不睬和这右边的家伙几乎一模一样！

我揉了揉眼睛，别因为今天经历得太多，产生了审美疲劳。

嗨！不是“小斑”是谁呢？它扭转了脖子，也就将那块小圆斑露了出来。

原来它早有对象？难怪那天对“大斑”漠然视之。长颈鹿的感情世界，也真是五花八门。“大斑”热情似火，“小斑”却冷若冰霜。“小斑”今天给对象的是热情似火，可它却冷若冰霜。

真如古人所感叹的：爱为何物？

“大斑”，你也该来看看这个场面，多少也能得到一些安慰吧！

右边的停住了，没有再去卷食树头的嫩叶。它还是背对着我们，看不到它的表情，但似是在认真地思考。

“小斑”的脖子紧贴着对象的脖子。一会儿上下摩挲，一会儿来回蹭荡，似是在诉说着衷肠。

它的对象就那样站着，还是高昂着头，挺着胸，一动不动。但那腹部一收一合的幅度似乎大了。

旁边的两只鸟儿叽叽喳喳叫个不停，是黄胸织布鸟。树上挂着已织好的巢。

还有两只全身乌黑的鸟，也在叽叽喳喳，飞来飞去。

嗬！好几个巢哩！从巢形看，它也应该是织布鸟的一种。

雄黄胸织布鸟织好巢，才会邀请对象不断地飞进飞出，参观、评审。只有女伴满意了，它的爱情才有结果！

“小斑”绕到了对象的右边，长脖子放到了对象的背上，来来回回地蹭着，这副模样，说是一往情深也行，说是死缠烂打也无不可。

它的对象似乎睡着了，一点儿反应也没有。

“小斑”的脖子不再抚摸了，它轻轻地敲打着对象的脖子，打得很有节奏，很有韵律。是在唱歌？

虽然它的脖子还是那样僵硬，但有了轻微颤动。这是“小斑”脖子敲打引起的？还是肚腹加快了一张一合的速度？

“小斑”又将脖子绕到了它的脖子前，歪过头来，火辣辣的大眼望着它的大眼，一会儿又从另一侧面扭过头来，望着它的眼——似是左顾右盼。

谁说长颈鹿因为用下颚太多，脸部的肌肉不发达，因而毫无表情？

动物学家肯定是搞错了。请看“小斑”现在的脸，容光焕发，含情脉脉啊！

爱情真是个奇妙的东西！或如一位诗人说的：“爱情打你疼不疼？”

它的对象的脖子颤动了，响应了“小斑”，抚摸起它的脖子了。虽只是轻轻一下，但它低下了头，用嘴触了触“小斑”的脖子。

“小斑”的脖子一会儿弯，一会儿扭转，狂热地在它脖子上抚摸，极尽风流。

它的脖子也转过来了，响应着“小斑”的脖子，连身子也往这边挪动了。

“嗨，是‘大斑’！”

这个傍晚的世界发生了什么事?

的的确确是“大斑”！不需要有 DNA 化验，胸前的圆斑就是铁证!

意外的发现，激起了大波大澜……

谁说动物世界没有波澜起伏、错综复杂的情感?

“小斑”“大斑”用脖子互相抚慰，时而摩挲，时而纠缠，慢慢向这边走来，似是在相互倾诉。

那长长的脖子居然能够如此千变万化，“小斑”居然能表达出万种的风情!

我想起了大象是用长鼻子谈情说爱。

上苍赋予了生物各种爱的形式。

如果不是亲眼所见，怎么能想到长脖子是如此的灵巧啊！动物学家说长颈鹿的脖子和所有的兽一样，颈椎骨虽然长达 2 米多，但椎骨仍只有 7 块，只是每块都很大。

你看，它们情浓时，两个长脖子竟然绞到了一起!

夕阳为“大斑”“小斑”镀上了一层红艳，晚噪的鸟儿们嘹亮的歌声多么欢快!

临行前的一晚，我和李老师导演了一场至今一想起来还乐不可支的好戏。

我们使尽了阴谋，蒙蔽了保安，将曼哈拉的鸵鸟带到了营地，举办了曼哈拉骑着鸵鸟的表演。

他精湛的骑术，幽默的表情，鸵鸟的天真，博得了旅居在营地中所有人的喝彩和热烈的掌声，尤其是跟随爸爸、妈妈来旅游的孩子。两个白人的孩子都骑上了鸵鸟（当然是由曼哈拉抱着），孩子们的尖叫，孩子们的心花怒放，孩子们的欢乐，真是惊天动地！

我们发现窗台上放了钱，难怪不断有游客走近窗前又离开。外国人用这种方式来表达对曼哈拉的尊重、喜爱，又有什么不好？

我们数了数钱，又添了些，全都交给曼哈拉了。告诉他，这足够买部自行车了。他曾对我说过：鸵鸟不能带到学校，他很想有部自行车，可以和好朋友鸵鸟赛跑。他也很想当个赛车手——祝愿他成为优秀的运动员、歌唱家、舞蹈家！

第二天早晨，在我们刚离开营地时，曼哈拉来了。他送给我们一个彩绘鸵鸟蛋。他说，这个鸵鸟蛋是个不能孵出小鸟的蛋，是一位叔叔送给他的。他就把自己家乡的景色都画了上去。

他还翻开了我送给他的那本书，指了指大熊猫，又指了指公园，再指着地图上的南非、中国。

我明白了，他是要我将这里的动物世界介绍给中国的朋友，他也会将中国的大熊猫介绍给他的朋友……

刘先平
40余年大自然考察、探险
主要经历

1974年—1980年：

参加野生动物科学考察队和建立自然保护区的考察，主要区域在皖南的黄山和皖西的大别山。1980年以前这里一直是刘先平的生活基地，至今每年至少考察两三次。这里美丽奇绝的自然风光、深厚的人文底蕴，曾吸引了诗仙李白等长期在此漫游。目睹了生态的恶化、珍稀动物的灭绝、人与自然的矛盾，激励刘先平于1978年重新拿起笔来呼唤生态道德，孕育了描写在野生动物世界探险的长篇小说《云海探奇》《呦呦鹿鸣》《千鸟谷追踪》及《爱在山野》《山野寻趣》等中篇。

作者在黄山考察。从20世纪70年代中期到1981年，黄山是作者的生活基地

刘先平从1957年开始发表作品，先是诗歌、散文，后涉足美学和文艺批评。

1978年完成在野生动物世界探险的长篇小说《云海探奇》，1980年出版，被认为是中国大自然文学的开篇之作、标志性作品。

那时的野外考察是很艰难的，在山里行走，只能凭着“量天尺”——双脚。根本没有野营装备，只能搭山棚宿营。科学家凭着什么去跋山涉水呢？是对祖国的热爱和对科学的探索精神。

1981年：

4月，考察云南西双版纳热带雨林，访问昆明植物研究所。为热带雨林繁花似锦的生物多样性震撼，从此走向更为广阔的自然，将认识大自然作为第一要务。5月，探险四川平武、黄龙、九寨沟、红原、卧龙等地并考察大熊猫。之后，在四川参加保护大熊猫、金丝猴的考察，前后历时6年。著有长篇小说《大熊猫传奇》、考察手记《在大熊猫故乡探险》《五彩猴》等。那时这些地方还充满了原生态的独特美。10多年之后重走这条路，不少自然之美已找不到了。

1981年作者在川西参加考察大熊猫途中，穿越松潘草地。之后开始走向更为广阔的天地

1982年：

考察浙江舟山群岛生态和小叶鹅耳枥（是当时全世界尚存的唯一一棵）。描写在野生动物世界探险的长篇小说《呦呦鹿鸣》出版，另有《东海有飞蟹》。

1983年：

10月，在大连考察鸟类迁徙路线。11月，考察广东万山群岛猕猴及海南岛热带雨林、长臂猿、坡鹿、珊瑚。从这年开始，他认为大自然文学应是多样的，想将一个真实的自然奉献给读者，因而将主要精力转到对大自然探险中奇闻、奇遇的写作，著有《爱在山野》《麋鹿找家》《黑叶猴王国探险记》《喜马拉雅雄麝》《寻找树王》等。

1985年：

7月，沿辽宁丹东—黑龙江小兴安岭路线考察森林生态。

1986年：

8月，在新疆吐鲁番、乌苏、喀什等地探险及考察生态。

1988年：

赴甘肃酒泉、敦煌等地考察生态。

1991年：

9月，应邀赴法国、英国访问和交流，同时考察生态。著有《夜探红树林》等。

1992 年:

8 月，考察黑龙江大兴安岭、内蒙古呼伦贝尔森林和草原生态。

1993 年:

8 月，应邀赴澳大利亚访问和交流，同时考察生态。著有《鹦鹉唤早》等。

1995 年:

9 月，在黑龙江考察东北虎。

1996 年:

12 月，考察鄱阳湖、长江中游湿地、候鸟越冬地。“刘先平大自然探险长篇系列”（5 本）出版。

1997 年:

11 月，应邀参加中国作家代表团赴泰国访问，考察亚洲象。12 月，在海南岛考察五指山和霸王岭黑冠长臂猿。

1998 年:

7 月，考察云南澄江寒武纪生物大爆发化石群，抵达腾冲，原计划去高黎贡山寻找大树杜鹃王，因雨季受阻，在西双版纳探险野象谷。8 月，在新疆考察野马、喀纳斯湖和被称为天鹅故乡的巴音布鲁克，第一次穿越塔克拉玛干大沙漠。著有《天鹅的故乡》《野象出没的山谷》等。

1998 年，作者和李老师穿越塔克拉玛干大沙漠

1999 年:

4 月，在福建考察武夷山等自然保护区及动物模式标本产地和小鸟天堂，寻找华南虎虎踪。7 月，应邀赴加拿大、美国访问和交流，考察国家公园。8 月，一上青藏高原，主要考察青海湖。9 月，探访贵州麻阳河黑叶猴和梵净山黔金丝猴。著有《黑叶猴王国探险记》《灰金丝猴特种部队》。

2000 年:

1 月，考察深圳仙湖植物园。5 月，探险江苏大丰麋鹿自然保护区。7

月，二上青藏高原。探险黄河源、长江源、澜沧江源，由青海囊谦澜沧江源头和大峡谷至西藏类乌齐、昌都、八宿（怒江源头），到云南德钦、丽江、泸沽湖。沿三江并流地区寻找滇金丝猴。

作者和李老师前后历时近两月的行程，充满了难以想象的困苦和危险，但却充满了发现的快乐和幸福。谁能想到黄河源的鄂陵湖、札陵湖是那样的蓝，蓝得靛青！鄂陵湖中小岛上居然栖息着一级保护动物白唇鹿。夏天，鹿妈妈游水到草地，为小鹿驮来青草；冬天带着孩子从冰上去探望外面的世界，西藏有那样美丽的森林。10月，赴广西考察白头叶猴。11月，赴海南再次考察大田坡鹿、红树林生态变化。著有《掩护行动——坡鹿的故事》，“中国DISCOVERY书系”（4本）出版。

2001年：

8月，应邀赴南非访问和交流，考察野生动植物。

2002年：

3月，赴安徽砀山考察。4月，赴高黎贡山寻找大树杜鹃，一探怒江大峡谷，但因大雪封山，未能到达独龙江。6月，去湖北石首考察麋鹿。7月，再去江苏大丰考察麋鹿。8月，三上青藏高原，探险林芝巨柏群—雅鲁藏布江大峡谷—珠穆朗玛峰自然保护区，到达海拔5200米，瞻仰珠穆朗玛峰。历经数次受阻，21年后终于瞻仰到美丽宏伟的大树杜鹃。完成《圆梦大树杜鹃王》《峡谷奇观》，另有《麋鹿回归》等。

2002年，作者在高黎贡山无人区

2003年：

4月，在四川北川、青川考察川金丝猴、大熊猫、牛羚。8月，应邀赴英国、挪威、丹麦、瑞典访问和交流，由挪威进入北极圈。著有《谁在跟踪》，“东方之子刘先平大自然探险系列”（8本）出版。

2004年：

8月，横穿中国，由南线走进帕米尔高原，考察山之源生态、风土人情。路线是青海柴达木盆地察尔汗盐湖—可可西里—雅丹地貌—花土沟油田，翻越阿尔金山到新疆若羌，再次穿越塔克拉玛干大沙漠至帕米尔高原。10 月，参加中国作家代表团访问南非、毛里求斯、新加坡。著有《鸵鸟小骑士》等，《云海探奇》《千鸟谷追踪》收入“传世名著”。

2004 年，作者在帕米尔高原冰山之父的慕士塔格峰

2005 年:

7 月，横穿中国，由北线走进帕米尔高原，寻找雪豹、大角羊、野骆驼。路线是甘肃河西走廊—罗布泊边缘，再次从北线穿越柴达木盆地到花土沟油田。原计划进入阿尔金山自然保护区，未成，回敦煌—库尔勒，第三次穿越塔克拉玛干大沙漠—托木尔峰—伽师—帕米尔高原—红旗拉甫。10 月，在重庆金佛山寻找黑叶猴，在沿河土家族自治县再探黑叶猴。著有《走进帕米尔高原——穿越柴达木盆地》等，《黑麂迷踪》《寻找失落的麋鹿家园》出版。

2006 年:

4 月，二探怒江大峡谷。但又因大雪封山未能进入独龙江，转至瑞丽。6 月，考察黑龙江佳木斯三江平原湿地。10 月，第三次探险怒江大峡谷，终于到达独龙江。著有《东极日出》等。

2007 年:

7 月，去山东等地考察候鸟迁徙路线。9 月，在四川马尔康、若尔盖湿地、贡嘎山等地寻访麝、黑颈鹤及层层水电站对生态的影响等。《胭脂太阳》《鹿鸣鹿唤》出版。中英文双语版《我的山野朋友》、英文版《千鸟谷追踪》出版。

2008 年:

7 月，考察东北火山群，路线是黑龙江五大连池—吉林长白山天池—辽宁朝阳古化石群。9 月，应邀访问英国、丹麦。“大自然在召唤系列”（9 本）出版。

2009 年:

6 月，考察陕西秦岭南北气候分界线及大熊猫、羚牛、金丝猴、朱鹮。

2010年:

9月，应邀出席在西班牙举行的国际安徒生奖颁奖典礼，考察瑞士高山湖泊、德国黑森林的保护。“我的山野朋友系列”（16本）出版，英文版《金丝猴跟踪》《爱在山野》《黑叶猴王国探险记》《麋鹿找家》出版。

2011年:

6月、9月、10月，到海南、西沙群岛探险。著有《美丽的西沙群岛》《七彩猴树》《寻找巴旦姆》《追踪雪豹》，英文版《大熊猫传奇》《云海探奇》出版。

2011年，作者与李老师在西沙群岛东岛

2012年:

7月，探险神农架自然保护区。8月，六上青藏高原，沿青海湖—可可西里—花土沟油田，前后历时8年，历经3次，终于进入阿尔金山自然保护区（四大无人区之一），看到了成群的野驴、野牦牛、藏羚羊、岩羊，最后到达西藏拉萨。著有《天域大美》《红豆相思鸟》等。

2013年:

7月，考察湘西和张家界的生态。8月，在呼伦贝尔大草原考察。9月，在南麂列岛考察海洋生物。“我的七彩大自然系列”（4本）、“探索发现大自然系列”（8本）出版。英文版《鸵鸟小骑士》出版。

2014年:

3月，考察云南、贵州喀斯特地貌的森林和毕节百里杜鹃——“地球的花腰带”。

2015年:

3月，赴南海考察珊瑚。著有《追梦珊瑚》《惊魂绿龟岛》等。8月，赴宁夏考察贺兰山、六盘山、沙坡头、白芨滩、哈巴湖自然保护区。《寻访白海豚》《藏羚羊大迁徙》出版。《大熊猫传奇》和《云海探奇》影像版出版。

2016年:

7月,赴英国考察皇家植物园和白崖。9月,考察黄山九龙峰自然保护区。10月,考察长江三峡自然保护区、恩施鱼木寨、水杉王、恩施大峡谷。《追踪黑白金丝猴》《海星星》《寻索坡鹿》出版。波兰文《金丝猴跟踪》《爱在山野》《黑叶猴王国探险记》《麋鹿回家》出版。

2017年:

4月,考察牯牛降云豹的生存状况。10月,考察福建、广东海洋滩涂生物。11月,在黄山徽州区考察中华蜂的保护状况。著有长篇《追梦珊瑚》《一个人的绿龟岛》,另有《小鸟生物钟》。

2018年:

2月,重返高黎贡山,考察盛花大树杜鹃王。3月,在当涂考察养蜂。5月,去雷州半岛考察海洋滩涂生物。8月,考察长江三峡地区生态变化。9月,考察云南中国科学院昆明植物研究所。12月,赴云南高黎贡山国家级自然保护区考察沟谷雨林和季雨林。著有《续梦大树杜鹃王——37年,三登高黎贡山》《孤独麋鹿王》《金丝猴跟踪》等。

2019年:

4月,考察安徽宣城丫山国家地质公园。5月、6月,考察黄山九龙峰自然保护区。7月,考察青岛滩涂海洋生物。8月,考察九龙峰自然保护区。